LÜ ROUPINZHI XINGZHUANG YANJIU GAILUN

驴肉品质性状研究概论

李武峰 ◎ 著

中国农业科学技术出版社

图书在版编目（CIP）数据

驴肉品质性状研究概论 / 李武峰著. -- 北京：中
国农业科学技术出版社，2024.9. --ISBN 978-7-5116
-7002-1

Ⅰ．①TS251.5

中国国家版本馆 CIP 数据核字第 20245YJ286 号

责任编辑 王惟萍
责任校对 王　彦
责任印制 姜义伟　王思文

出 版 者　中国农业科学技术出版社
　　　　　北京市中关村南大街 12 号　　邮编：100081
电　　话　（010）82106643（编辑室）（010）82106624（发行部）
　　　　　（010）82109709（读者服务部）
网　　址　https://castp.caas.cn
经 销 者　各地新华书店
印 刷 者　北京捷迅佳彩印刷有限公司
开　　本　170 mm×240 mm　1/16
印　　张　6.75
字　　数　130 千字
版　　次　2024 年 9 月第 1 版　2024 年 9 月第 1 次印刷
定　　价　43.80 元

前言

　　驴属于马属动物。美国等一些西方国家有相关法律规定：马属动物不作为肉食品来源。由此，国际上没有驴肉肉品质方面的研究论文。而我国，驴肉历来作为一种特种肉食品来源，在近几年才开始出现驴肉肉品质方面的研究论文发表。因此，从全球的角度来说，驴肉肉品质方面的研究还处于初始研究阶段。

　　笔者在山西农业大学动物科技学院攻读硕士研究生和博士研究生期间，师从岳文斌教授，但是在做论文相关试验研究时都是去北京在中国农业科学院北京畜牧兽医研究所师从许尚忠研究员，客座研究完成了硕士和博士论文。其间主要研究了肉牛肉品质性状分子育种的内容，包括分子标记、肉质性状候选基因与肉牛嫩度和大理石花纹之间关联分析等。笔者基于这些研究基础，并在2018年申报了一项有关肉驴肉质性状形成分子机理研究的山西省科学技术厅的重点研发计划项目，通过项目实施先后有4位学生完成了试验研究并获得了硕士学位，通过整理相关研究成果，撰写了本书。本书是介绍影响肉驴肉质性状形成分子机理方面研究的专著，共分为六章。第一章介绍了驴的概述；第二章介绍了动物肉质性状主要指标；第三章介绍了高、低肌内脂肪含量驴背最长肌的代谢组和转录组关联分析；第四章基于转录组和代谢组学研究调控驴背最长肌嫩度的分子机制；第五章介绍了基于多组学探究驴肉嫩度及风味差异的分子机制；第六章介绍了多组学关联分析品种差异对驴肉肉质性状及风味的影响，对肉驴肉质性状科学研究具有一定意义。本书较为系统地介绍了笔者多年来在动物肉品质性状形成分子机理研究上的进展和成果，内容丰富，实用性和针对性强，可供从事动物分子育种研究，特别是家畜肉品质分子机理研究的师生及科研人员参考和查阅。

在本书编写过程中，感谢导师岳文斌教授和许尚忠研究员的深切关怀和悉心指导；感谢课题组所有师兄师姐师弟师妹们的大力支持与无私付出。在此对所有关心、支持本书出版的同志表示衷心的感谢！

本书虽然经过了细心的编写和校对，但疏漏之处在所难免，敬请广大同行和读者批评指正。

李武峰

2024 年 7 月

英文缩略表

缩写	英文名称	中文全称
VIP	Variable important for the projection	变量投影重要度
IMF	Intramuscular fat	肌内脂肪
PSE	Pale Soft Exudative（Meat）	肉色灰白，质地松软，汁液渗出的（肉）
ATP	Adenosine triphosphate	腺嘌呤核苷三磷酸
GC-MS	Gas chromatography-mass spectrometry	气相色谱–质谱联用
SCD	Stearoyl-CoA desaturase	硬酯酰辅酶 A 去饱和酶
SPME	Solid-phase microextraction	固相微萃取
HS-SPME	Headspace solid-phase microextraction	顶空固相微萃取
OAV	Odor activity value	香气活性值
MS	Mass spectrometry	质谱
RIN	RNA integrity number	RNA 完整值
MSTN	Myostatin	肌肉生长抑制素
PLS-DA	Partial least squares discriminant analysis	偏最小二乘判别分析
OPLS-DA	Orthogonal partial least squares discriminant analysis	正交偏最小二乘判别分析
O2PLS	Two-way orthogonal partial least squares	Two-way 正交偏最小二乘法
PPAT	Phosphoribosyl pyrophosphate amido transferase	磷酸焦磷酸酰胺转移酶
LHCGR	Luteinizing hormone/choriogonadotropin receptor	促黄体素 / 绒毛膜促性腺激素受体
ITGAL	Integrin，alpha L	整联蛋白 AL
G3P	Glycerol-3-phosphate	3-磷酸甘油
LPL	Lipoprotein lipase	脂蛋白脂酶
GC	Gas chromatogram	气相色谱
LC	Liquid chromatogram	液相色谱
LEPR	Leptin receptor	瘦素受体
DLK1	Delta-like1 homologue	前脂肪细胞因子 1
WNT10B	Wingless-type MMTV integrati on site family members10b	无翼型 MMTV 家族成员 10b
CIDEA	Cell death-inducing DNA fragmentation factor α-like effector A	细胞死亡诱导 DNA 断裂因子 α 样效应物 A
DGKA	diacylglycerol kinase α	二酰甘油激酶 α
ANKRD1	Ankyrin repeat domain 1	锚蛋白重复域 1
ASB2	Ankyrin repeat and SOCS box containing 2	锚蛋白重复序列与含蛋白质的 SOCS 盒 2
ALDOA	Fructose-bisphosphate aldolase A	果糖二磷酸醛缩酶 A

缩写	英文名称	中文全称
BDH1	3-Hydroxybutyrate dehydrogenase 1	3-羟基丁酸脱氢酶 1
EggNOG	Clusters of orthologous groups of proteins	直系同源蛋白数据库
CRYAB	Crystallin alpha B	晶体蛋白 αB
DEG	Differentially expressed genes	差异表达基因
DGAT2	Diacylglycerol O-acyltransferase 2	二酰基甘油酰基转移酶 2
DGKE	Diacylglycerol kinase E	二酰甘油激酶 E
DGKH	Diacylglycerol kinase H	二酰甘油激酶 H
ELOVL6	Very long chain fatty acids protein 6	超长链脂肪酸蛋白 6
ENO3	Enolase 3	烯醇化酶 3
FABP4	Fatty acid binding protein 4	脂肪酸结合蛋白
FBP	Fructose-1，6-bisphosphatase	果糖-1,6-二磷酸酶
GAPDH	Glyceraldehyde-3-phosphate dehydrogenase	甘油醛-3-磷酸脱氢酶
GPI	Glucose-6-phosphate isomerase	葡萄糖-6-磷酸异构酶
GPAM	Mitochondrial glycerol-3-phosphate acyltransferase	甘油-3-磷酸乙酰转移酶
GO	Gene ontology	基因本体
KEGG	Kyoto encyclopedia of genes and genomes	京都基因和基因组百科全书
HOXC10	Homeobox transcription factors	同源异型框转录因子 C10
IGF1	Insulin like growth factor 1	胰岛素样生长因子 1
LC-MS	Liquid chromatogram-mass spectrometry	液相色谱–质谱
MYL1	Myosin light chain 1	肌球蛋白轻链 1
MYLPF	Fast skeletal muscle troponin I	快肌肌球蛋白可磷酸化调节轻链
NR	Non-Redundant protein sequence database	非冗余蛋白数据库
PCA	Principal component analysis	主成分分析
PFKM	Muscle-type phosphofructokinase	肌型磷酸果糖激酶
PPARα	Peroxisome proliferator-activated receptor α	过氧化物酶体增殖物激活受体 α
PPARγ	Peroxisome proliferator-activated receptor γ	过氧化物酶体增殖物激活受体 γ
PLA2G12A	Phospholipase A2 group XIIA	XIIA 磷脂酶 A2
PGM1	Phosphoglucomutase 1	磷酸葡萄糖变位酶 1
PYGM	Muscle-type glycogen phosphorylase	肌型糖原磷酸化酶
PCK1	Phosphoenolpyruvate carboxykinase 1	磷酸烯醇丙酮酸羧化激酶 1
Pfam	Protein family	蛋白质家族数据库
Swiss-Prot	Manually annotated and reviewed protein sequence database	Swiss-Prot 蛋白质序列数据库
TNNI2	Fast skeletal muscle	快收缩骨骼肌型 TnI
TNNT3	Troponin T type 3	骨骼肌快肌肌钙蛋白
TNNC2	Troponin C fast skeletal muscle	快收缩亚型肌钙蛋白
TPM1	Tropomyosin 1	原肌球蛋白 1

目录

第一章

驴 的 概 述

驴 肉 品 质 性 状 研 究 概 论

一、驴的起源

驴（*Equus asinus*）作为一种传统的役用牲畜，在过去的农业生产、生活和货物运输中发挥了极其重要的作用，但随着机械现代化水平的提高以及交通运输业的快速发展，驴的役用地位逐渐下降。但是，我国自古就有"天上龙肉，地上驴肉"的说法，这也充分说明驴肉可以作为我国重要的肉食来源。

按照动物分类学，家马（*Equus caballus*）、家驴（*Equus asinus*）和山斑马（*Equus zebra*）同属于动物界（Animal Kingdom）脊索动物门（Phylum Chordata）脊椎动物亚门（Vertebrata）哺乳纲（Mammalia）奇蹄目（Perissodactyla）马科（Equidae）马属（*Equus*）。在马属动物中，现存的有马、斑马和驴这3个种。由于它们来源相近，同属而不同种，有共同的起源及亲缘关系，因此互相交配都能产生异种间的杂种。例如，公驴配母马或公马配母驴，均可产生其种间杂种马骡或驴骡。所以，统称马、驴、骡为马属动物。马、驴、骡不仅外形特征显著不同，并且各有不同的外形特征，还保留了其野生祖先的某些特性。

马和驴都是马属，但不同种，它们有共同的起源。驴起源于非洲，非洲野驴为现代家驴的祖先。驴被驯化很可能发生在5 000年前。

法国国家科研中心对来自52个国家的427头家驴进行了基因取样，同时对历史上动物驯化比较频繁的地区，如非洲、亚洲西南部等几个地区的野驴种群进行取样，将二者的基因样品进行比较后发现，家驴与非洲北部的努比野驴非常相似。早在新石器时代，在非洲已形成驴的亚属，其中就有现代驴。至青铜器时代，驴已被驯化成家畜。中国的家驴，是公元前数千年以前，由亚洲野驴驯化而来。亚洲野驴存在几种类型，迄今仍有少量野驴生存在亚洲内陆，如阿拉伯地区的叙利亚、印度、中亚细亚和中国新疆、西藏、青海、内蒙古的偏僻沙漠和干旱草原。中国家驴中现有部分驴，仍保留着野生驴的某些毛色、外形特征和特性。野驴和家驴交配可以繁殖后代。

据研究，中国在距今3 500年左右的殷商铜器时代，新疆莎车一带已开始驯养驴，并繁殖其杂种。自秦代开始逐渐由中国西北及印度进入内地，当作稀贵家畜。约在公元前200年汉代以后，就有大批驴、骡由西北进入陕西、甘肃及中原内地，渐作役畜使用。

据《逸周书》卷六记载："伊尹为献令，正北空同、大夏、莎车、姑他、旦略、豹胡、戎翟、匈奴、楼烦、月氏嬠犁、其龙、东胡，请令以橐驼、白玉、野马、骒䮽、駃騠、良弓为献。"伊尹为商汤时代人，上述地区大多在今新疆天山以南和甘肃等地。依此而论，在 3 500 年前，新疆已经驯养了驴，并利用驴和马杂交获得骡。《汉书·西域传》记载："都善国（今新疆都善地区）有驴马，多橐驼；乌孙国（今新疆西部）有驴无牛。"这一记述进而证实了上述史实。上述地区居民，当时已有定居从事农业，用驴作为役畜。新疆产驴区与亚洲野驴驯化中心的伊朗、阿富汗等地接近，又与亚洲野驴产区的青海、西藏和内蒙古相连，故当地所养的驴可能起源于骞驴。驴体小而长，头短而宽，耳较小，耳缘呈黑色，耳内有白色长毛，鬃毛短而直立，尾粗毛长，尾基部无长毛，四肢粗短。嘴端被毛呈乳白色，毛色多为草黄色或淡褐色，四肢内侧及腹下呈乳白色，有褐色背线和肩纹。从毛色特征上看，今新疆驴多偏于蒙古野驴。至于骞驴驯化开始于何时何地，尚有待考证。同时，也不排除古代由国外引入家驴的可能性。

二、我国养驴历史及驴品种的形成

1. 我国养驴历史

我国养驴始于新疆南部，渐次东来，经甘肃，陕西逐渐发展到全国。根据有关历史文献记载、早在 3 500 年前的殷商时代，新疆一带已养驴、用驴，并不断输入内地，是我国驴的发源地。在秦朝前，内地人视驴为稀有珍贵动物，供观赏娱乐。西汉张骞通西域后，随着良马、苜蓿等的引入，大批驴和骡随之东来。养驴生产持续发展，除养驴可减少征调军用外，其主要原因是驴的优良生物学特性和它对小农经济的良好适应性。驴的体格较小，但体质结实，对于贫瘠环境条件的适应能力很强，对草料的利用率高，不易得病，容易喂养。养驴比养牛省草，比养马省料。

建于公元 3 世纪末至 4 世纪初叶的新疆拜城克孜尔千佛洞中，已画有赶驴驮运丝织品壁画。汉唐时期，河西走廊和青海湖畔是从长安通往中亚的必经之路，武威、西宁是"古丝绸之路"的重镇，也是商旅停留和货物集散之地。故新疆驴首先对这些地区影响较大，有关新疆驴的来源和品种形成历史，尚缺乏系统的研究。据初步研究认为，新疆一带同样是亚洲野驴的驯化地区之一，按新疆驴的外形和毛色特征,都近似于亚洲野驴——骞驴中的蒙驴和藏驴,而偏于蒙驴者较多。故新疆驴可能是古代人民从蒙驴驯化而来,并在新疆、青海、甘肃等地区的自然和社会经济条件影响下,经驯化和选育形成的一个历史悠久的古老品种。

2. 我国驴品种的形成

据《吕氏春秋》《史记》《盐铁论》等古书记载,秦朝以前,内地把驴、骡视为难得的珍贵动物,养于皇宫,供观赏娱乐。而在玉门关以西的地方,即今新疆天山以南地区,早已饲养驴及其杂种。西汉张骞通西域后,开始引入的驴、骡,多分散在甘肃和陕西关中地区,以后逐渐向北、向东扩散到今华北各地。在陕北出土的东汉墓石刻上,就有驴的图像。在北魏时,山东人贾思勰所著《齐民要术》,就有养驴和相驴方法的记载。这说明在唐宋之前,驴已普及至当时中原各地,而成为主要役畜之一。唐宋之后随移民带至四川和云南的部分地区。近代以来,驴又随农民被带到吉林、黑龙江的松花江、嫩江流域。历经长时间的繁育,目前驴的分布几乎遍及北纬32°~42°,我国的农区、半农半牧区和西南的部分山区。

由于驴分布的地域辽阔,从新疆塔里木盆地到东海之滨,从松嫩平原到西南山区,纵横万里之间,不仅各大区间在自然地理、生态条件以及社会经济各方面有很大差异,就是在一个省区内,因平原、丘陵和山区的不同,农民对驴的饲养水平、利用方式、选育方向和选育程度也有所不同。分布于各地的驴,在不同生态环境条件下,经长期风土驯化和人们选育的结果,必然在其体型、外形结构、生产性能和适应性等方面发生变异,形成新的特征特性。变异长期积累的结果,形成了新的遗传特性,这是我国各地的驴大中小不一、外形毛色显著不同的主要原因。

3. 我国驴的类型及品种

驴性情温顺;性早熟;抗病力强;采食量小,且耐饥、耐渴,神经系统获得较均衡稳定,采食慢,能沉着地嚼细,不贪食,消化能力强,对饲料消化比较充分。对粗纤维的消化能力比马高30%。

我国驴根据体型、外形、生产性能和适应性可分为3类。

(1)小型驴:体高110 cm以下,体重130 kg。新疆驴、凉州驴、川驴、滇驴、陕北滚沙驴、太行驴、库伦驴及淮北灰驴。

（2）中型驴：体高 111～129 cm，体重 180 kg。临县驴、佳米驴、泌阳驴、淮阳驴、庆阳驴。

（3）大型驴：体高 130 cm 以上，体重 260 kg。关中驴、德州驴、晋南驴、广灵驴。

第二章

动物肉质性状主要指标

驴 肉 品 质 性 状 研 究 概 论

从科学研究角度来说，畜禽肉品质性状主要包括以下指标。

一、胴体质量

胴体各部位产肉重，都与胴体重、眼肌面积和背膘厚具有相关性，除了腹肉外，后腿肉、前腿肉、背最长肌、外脊、里脊、脖子肉、牛腩和胸肉均与胴体重具有关系，胴体重是重要的影响因子，也是预测其各部位肉重必选的主要指标。以牛肉胴体分级为例，农业部颁发 NY/T 676—2010《牛肉等级规格》，将牛肉品质等级分为 4 级，即特级、优级、良好级和普通级。产量等级以肉重计（按其总重分级）。

二、肉的 pH

肌肉的 pH 是反映家畜屠宰后肌肉糖原酵解速率的重要指标，也是鉴定正常肉质或异常肉（PSE 肉、DFD 肉）的依据。pH 高低能够影响肉色、肉的收缩、烹煮损失与嫩度以及碎肉和重组肉在加工中的黏合性。在动物活体代谢过程中有大量的酸性物质产生，如碳酸、乳酸、硫酸、酮体和磷酸，在活体体内完善的缓冲体系和肺、肾等排泄器官的调节下，pH 基本保持稳定。刚屠宰时动物肌肉 pH 值为 7.1～7.3。由于活体放血后供氧途径被阻断，约经 1 h 后 pH 值下降至 6.2～6.4，这是由于宰后动物肌肉主要依靠无氧糖酵解利用糖原产生能量来维持一些机体耗能反应。糖酵解的终产物是乳酸，随着时间的延长，肌肉中乳酸量增加，ATP 消耗增大，当 ATP 下降到开始含量的 20% 以下时，肌纤维交联，肌肉僵直，此时 pH 值最低达 5.4～5.6。而后随僵直的解除，成熟时间延长，pH 值开始缓慢上升。

宰后 45 min 测定的为 pH_1，宰后 24 h 测定值为 pH_{24}。pH 值参考标准：$pH_1 \geq 6.0$ 为优，肉质好的肉；$5.6 \leq pH_1 < 6.0$ 为良，较满意；$pH_1 \leq 5.6$ 为差，肉质有缺陷的肉（PSE 肉）。其中 $pH_{24} > 6.0$ 的为 DFD（Dark firm dry）肉。pH_1 是鉴别生理正常肉和生理异常肉（PSE 肉）的重要指标，pH_{24} 是判定 DFD 肉的重要参考指标。pH 的变化速度与幅度是改变肉品质的最主要因素之一，对肉色、系水力、多汁性、货架寿命等大部分核心指标均有影响，同时也对肉的蛋白质溶解度以及细菌繁殖速度等均有影响。

三、肉的色泽

肌肉的色泽（Meat color），又称肌肉的颜色，是肉重要的感官评定指标。肉色的深浅及均匀度主要由肌肉色素（以肌红蛋白 Mb 为主，血红蛋白为辅）含量及其化学状态（铁离子的价态及肌红蛋白与氧的化合反应）决定，另外，肉中血液残留过多，血红蛋白（Hb）含量增加，肉色也会变深。肌纤维类型对肉色具有影响，红肌纤维颜色较深，白肌纤维颜色则较浅，因此，随二者比例变化肉色深浅会相应改变。除此之外，动物种类（鲜牛、羊肉呈深红色，猪肉的颜色则较浅，鸡肉则更淡些）、性别（雄性动物较雌性动物的肉色深）、年龄（年龄大的动物比年龄小的动物肉色深）、部位、营养（日粮的组成）等因素也会在一定程度上影响肉的颜色。

肉色泽的意义在于它是肌肉的生理学、生物化学和微生物学变化的外部表现，因此是消费者直观评价衡量肉制品的好坏依据，好的色泽能为肉综合品质加分，而且因为它的直观性强，良好的色泽可以刺激人们的食欲。

四、肉的嫩度

肉的嫩度是畜肉品质的一个重要方面，它主要决定于肌肉组织各组分及肌肉内部的生物化学变化对各组分特性的改变。肉的嫩度是消费者最重视的食用品质之一，它决定了肉在食用时口感的老嫩，是反映肉质地的重要指标之一，对肉嫩度的主观评定主要根据其柔软性、易碎性和可咽性来判定，对其客观评定是借助于仪器来衡量切断力、穿透力、咬断力、剁碎力、压缩力、弹力和拉力等指标。最常用的是切断力，又称剪切力（Shearing force），即用一定钝度的刀切断一定直径的肉所需的力量，以千克或牛顿为单位。剪切力值越大肉越老，反之，肉越嫩。目前，所使用的剪切仪主要是由 Warner 等发明的 Warner-Bratzler Shearing Force Device（沃–布剪切仪），而在我国使用的主要是由陈润生和雷得天等研制的 C-LM 肌肉嫩度仪。

五、大理石花纹

大理石花纹（Marbling）就是脂肪在肌肉内的沉积分布情况，通常肌内脂肪沉积适量、均匀的比较好。大理石花纹是小肌束间脂肪结缔组织分布形成的纹理。大理石纹的多少与肉的多汁性和风味嫩度有密切关系，是畜肉质地的重要指标，反映肌肉间及肌肉内脂肪的含量。肉的大理石纹可通过比色板评定。由于大理石纹实际是肌内脂肪含量和分布情况的一个客观表现，所以也可以运用测定肌内脂肪的含量来评定。但大理石花纹和肌内脂肪是两个不同的概念。大理石花纹强调小肌束间可见脂肪和可见结缔组织的含量和分布图案。肌内脂肪强调肌外膜内肌肉组织中的脂肪（特别是不可见脂肪）浓度。因此，通过索氏提取法测定的脂肪含量，并不是仅代表眼肌的肌内脂肪含量，而是对眼肌部位脂肪含量的综合描述，其与通过感官评定得出大理石花纹含量的评定结果相符合。感官评定方法是从肉样表面进行观察评定，而眼肌脂肪含量是应用化学方法对整块肌肉的脂肪含量进行测定，可以说，脂肪含量是大理石花纹的内在机理，而大理石花纹是脂肪含量的外在表现。因此，需从感官评定结果和肌肉脂肪含量测定这两个方面综合评定肉样大理石花纹含量。

大理石花纹分布于肌肉中的脂肪颗粒，是牛肉质量的重要指标。MSA（Measurement system analysis）研究表明，大理石花纹越好，许多分割肉的食用品质得分越高，其中以背腰肉（外脊和眼肉）最明显。

大理石花纹对某些分割肉块的食用品质有一定的正面作用，但不起决定作用，是影响牛肉食用品质的众多因素之一。小牛的高档部位肉大理石花纹少，但食用品质很好；而有些牛肉的大理石花纹丰富，但因其他因素控制不好，其高档部位肉的食用品质仍较差。当然，在其他条件都相同时，大理石花纹越丰富，肉的食用品质就越好。

一般采用胴体的 10/11 肋或 12/13 肋间（猪一般用 10/11，牛羊一般用 12/13）的背最长肌横切面评价大理石花纹。按照 AUS-MEAT（Authority for uniform specification meat and livestock）胴体评级要求，应在背最长肌中心温度低于 12℃时进行评价。胴体温度越低时，肌内脂肪固化程度越好，越有利于大理石花纹的评价。

六、系水力

肉的保水性又称系水力或持水力，是指当肌肉受到外力作用时，其保持原有水分与添加水分的能力。所谓的外力指压力、切碎、冷冻、解冻、贮存、加工等。衡量肌肉保水性的指标主要有持水力、失水力、贮存损失（Purge loss）、滴水损失（Drip loss）、蒸煮损失（Cooking loss）等，滴水损失是描述生鲜肉保水性最常用的指标，一般为 0.5%～10%，最高达 15%～20%，最低 0.1%，平均在 2% 左右。作为评价肉质最重要的指标之一，肌肉的保水性不仅直接影响肉的滋味、香气、多汁性、营养成分、嫩度、颜色等食用品质，而且具有重要的经济意义。

肌肉中水分含量在 75% 左右，占据肌肉组织 80% 的体积空间。这些水分以结合水、不易流动水和自由水 3 种状态存在。其中不易流动水占 80%，存在于细胞内部，是决定肌肉保水性的关键部分；结合水存在于细胞内部，与蛋白质密切结合，基本不会失去，对肌肉保水性没有影响；自由水主要存在于肌细胞间隙，在外力作用下很容易失去。肉的保水性取决于肌细胞结构的完整性、蛋白质的空间结构。肉在加工、贮藏和运输过程中，任何导致肌细胞结构的完整性破坏或蛋白质收缩的因素，都会引起肉的保水性下降。

对于生鲜肉而言，通常宰后 24 h 内形成的汁液损失很小，可忽略不计，一般用宰后 24～48 h 的滴水损失来表示鲜肉保水性的大小。据研究，肌肉渗出的汁液中细胞内、外液的组成比例大约为 10:1，可见，肌细胞膜的完整性受到破坏而导致肌肉汁液渗漏是保水性下降的根本原因，但造成肌肉保水性下降的具体机制，目前还不清楚。近年来的研究表明，肌肉保水性下降的可能机制主要有以下几个方面。

（1）细胞膜脂质氧化、冻结形成的冰晶物理破坏或其他原因引起的细胞膜成分降解，导致细胞膜完整性破坏，为细胞内液外渗提供了便利条件。

（2）成熟过程中细胞骨架蛋白降解破坏了细胞内部微结构之间的联系，当内部结构发生收缩时产生较大空隙，细胞内液被挤压在内部空隙中，游离性增大，容易外渗造成汁液损失。

（3）温度和 pH 变化引起肌肉蛋白收缩、变性或降解，持水能力下降，在外力作用下内汁外渗造成汁液损失。

七、多汁性

多汁性（Juiciness）是影响肉食用品质的一个重要因素。据测算，10%～40%肉质地的差异是由多汁性好坏决定的。多汁性与系水力的大小、脂肪含量紧密相关。通常系水力越大，多汁性就越好。在一定范围内，肉中脂肪含量越多，肉品的多汁性也越好。因为脂肪除本身产生润滑作用外，还刺激口腔释放唾液。一般认为，对多汁性的评判可分为4个方面：一是开始咀嚼时根据肉中释放出的肉汁的多少；二是根据咀嚼过程中肉汁释放出的持续性；三是根据在咀嚼时刺激唾液分泌的多少；四是根据肉中的脂肪在牙齿、舌头及口腔其他部位的附着给人以多汁性的感觉。对多汁性评定主要靠人的主观评定，目前尚无较好的客观评定方法。

第三章

高、低肌内脂肪含量驴背最长肌的代谢组和转录组关联分析

驴 肉 品 质 性 状 研 究 概 论

驴肉的肌内脂肪（IMF）含量是影响肉质品质的重要标准之一。本试验通过 RNA-Seq 和 UPLC-MS/MS 方法对不同 IMF 含量广灵驴的背最长肌进行转录组和代谢组的分析。从分子水平上揭示不同肌内脂肪含量的广灵驴个体的遗传差异。

第一节　材料与方法

本研究以广灵驴为研究对象，选择不同 IMF 含量的广灵驴，通过 RNA-Seq 方法对其背最长肌进行转录组分析，找出两组之间的差异基因，以确定与 IMF 含量相关的信号通路和代谢途径，这一研究有助于日后进一步探究驴体内 IMF 沉积的分子机制。

1.1　试验动物

以广灵驴为研究对象，从山西省忻州市繁峙县驴场选择 10 头饲养条件相同的 24 月龄广灵驴（平均年龄 24 月龄，平均体重 236.10 kg，雌性）。于屠宰 30 min 内无菌采集其背最长肌组织，随后立即冷冻于液氮中保存备用。

1.2　试验方法

1.2.1　背最长肌肌内脂肪含量和剪切力的测定

根据国家和行业标准，NY/T 1180—2006《肉嫩度的测定　剪切力测定法》和 GB 5009.6—2016《食品安全国家标准　食品中指肪的测定》，分别测量广灵驴背最长肌组织的剪切力和 IMF 含量，选择 IMF 最高（H 组）和最低（L 组）的 6 头驴背最长肌组织用于之后的转录组测序。

1.2.1.1　剪切力的测定

将肉柱垂直放在测定仪器的刀槽之处，使刀口的方向与肉柱的肌肉纤维的方向完全垂直，之后开启测定仪器剪切孔柱，测出刀具将肉柱的肌肉纤维完全切断时所得出的最大数值，这一数值即为肉柱的剪切力值。

1.2.1.2　肌内脂肪含量的测定

用索氏提取法进行肌内脂肪含量的测定。

1.2.2　转录组样品 RNA 的提取和文库构建

1.2.2.1　总 RNA 提取步骤

用 TRIzol 法提取广灵驴背最长肌组织的总 RNA，整个提取过程在超净工作台内操作。

1.2.2.2　文库的构建及库检

通过 Oligo（dT）磁珠从总 RNA 中富集带有 polyA 尾的 mRNA。用逆转录酶和随机引物将 mRNA 片段反转录成第一链 cDNA。然后移除 RNA 模板，生成双链 cDNA。并利用 AM Pure XP beads 纯化和 PCR 富集得到最终的 cDNA 文库。文库构建完成后，使用 Agilent2100、Qubit2.0 和 Q-PCR 方法对文库质量进行初步定量和有效浓度（文库有效浓度＞2 nM）检测，检测结果达到要求后进行 Illumina 测序。测序采用 Illumina HiSeq 2000 测序系统，100 bp 配对读取测序。

1.2.3　转录组数据分析与验证

1.2.3.1　转录组测序数据分析和质量控制

通过 Illumina HiSeq 高通量测序平台对 cDNA 文库进行测序，将测序得到的图像数据转化生成 Data，这些初步得到的 Data 被称为原始数据（Raw reads）。将 Raw data 进行过滤后，获得后续分析使用的 Clean reads。将 Clean reads 与 NCBI 登记的驴的基因组（*Equus asinus ASM130575v1*）做序列分析，得到大量的 Mapped data。这些 Mapped data 可进一步进行转录本的预测等分析。接下来对不同组之间的基因的表达量进行分析，可筛选出差异表达基因。之后可以对这些差异表达基因进行进一步的 KEGG 注释与富集、GO 注释与富集以及转录因子等分析。

1.2.3.2　基因表达水平和差异表达分析

通过 FPKM（Fragments per kilobase of transcript per million fragments mapped，每百万个片段对应的读取中每千个转录本的片段数）方法来计算基因表达水平。

使用 DESeq2 进行样品组间的基因差异表达分析，获得 L 组和 H 组之间的所有差异表达基因数据。之后以 |$\log_2$ Fold-Change|≥1，且 FDR＜0.05 为标准筛

选差异基因。

1.2.3.3　差异表达基因的功能注释与富集分析

为了进一步了解差异基因与肌内脂肪沉积之间的相关性，通过 DAVID 注释工具进行 GO 功能注释分析和 KEGG 通路富集分析。根据 $P < 0.05$ 作为显著富集的标志。

1.2.3.4　实时荧光定量 PCR 验证

为了验证广灵驴文库中 RNA-Seq 基因表达数据的重复性和准确性，使用 TB Green® Premix Ex Taq™ II 试剂盒对 7 个差异性表达的基因（*DGAT2*，*SCD*，*LEPR*，*DLK1*，*WNT10B*，*CIDEA*，*DGKA*，其 NCBI 登录号分别为 XM_014855840.1、XM_014865738.1、XM_014853005.1、XM_014854554.1、XM_014850021.1、XM_014829102.1 及 XM_014857241.1）进行实时荧光定量 PCR 分析。引物由 GenScript Primer Design 在线工具设计，荧光定量序列如表 3-1 所示。反应体系为 20 μL：cDNA 2 μL，上、下游引物各 1.6 μL，ddH₂O 12 μL，SYBR qPCR Mix 10 μL，ROX Reference Dye（50×）0.8 μL。反应条件为：95℃ 10 min，95℃ 15 s，60℃ 1 min，40 个循环。将 *β-actin* 基因作为参照，每个样品最少进行 3 次重复。反应结束后，打开扩增过程的溶解曲线，检测引物的特异性。组间差异基因的相对表达量通过 $2^{-\Delta\Delta CT}$ 法来计算，以 *β-actin* 为内参基因、L 组为对照。组间基因的表达量差异用 GraphPad Prism 7 软件中的单因素方差分析进行差异显著性统计。

表 3-1　引物序列，产物大小和用途

引物名称	引物序列	退火温度（℃）	产物大小（bp）	用途
DGAT2-F	CTGCCCTACCCGAAGCCTAT	60.0	98	荧光定量 PCR
DGAT2-R	GCGTGGTACAGGTCGATGTC			
SCD-F	TGTCGTGTTGCTGTGCTTCA	60.0	111	
SCD-R	AGCACAAGAGCGTAACGCAA			
LEPR-F	ATCGGAAGAGTGGCCTCTGG	60.0	118	
LEPR-R	GTGGTCGAGTCTGGTTGCTG			
DLK1-F	CACCATGGGCATCGTCTTCC	60.0	179	
DLK1-R	CACCAGCCTCCTTGCTGAAG			

（续）

引物名称	引物序列	退火温度（℃）	产物大小（bp）	用途
WNT10B-F	CGGTTTCCGTGAGAGTGCTT	60.0	124	荧光定量PCR
WNT10B-R	CTCACCACTGCCCTTCCAGT			
CIDEA-F	CCAGCAGCCAAAGAGATCGG	60.0	101	
CIDEA-R	ACATGGTGGCCTTCACGTTG			
DGKA-F	CTGGACAGCTCAGAAGTGGA	60.0	150	
DGKA-R	CTCAGCTAGGGAGACAGAGC			
β-actin-F	CGACATCCGTAAGGACCTGT	60.0	100	
β-actin-R	CAGGGCTGTGATCTCCTTCT			

1.2.4 代谢组样品处理

称取 50 mg 样品加入 1 000 μL 预冷提取剂。之后加入少量预冷的钢珠进行匀浆。频率设定为 30 Hz，匀浆时间为 3 min。匀浆完成后取出钢珠，继续涡旋 1 min，静置 15 min。之后 4℃，12 000 r/min 离心 10 min，取上清液到进样瓶内衬管中，用于下一步的 UPLC-MS/MS 分析。

1.2.5 代谢物的 UPLC-MS/MS 检测

数据采集仪器系统主要包括超高效液相色谱和串联质谱。

1.2.6 代谢物数据分析

利用软件 Analyst 1.6.3 处理质谱数据，获得混样质控 QC 样本（由各个样本的提取物混合制成，作用是检验重复性）的总离子流图（Total ions current，TIC），再将利用 Multi Quant 软件打开样本下机质谱文件，进行色谱峰的积分和校正工作。之后对标准化的数据进行主成分分析和正交偏最小二乘法判别分析（OPLS-DA）。基于 OPLS-DA 结果，获得变量重要性投影（VIP），初步筛选出不同组间的差异代谢物。同时可以结合 P 和 Fold-Change 进一步筛选不同组间的差异代谢物。通常认为 Fold-Change≥2 和 Fold-Change≤0.5 且 VIP≥1 的代谢物的为差异显著。通常选择皮尔森相关系数（Pearson）用作生物学重复相关的评估指标。利用 Pearson 相关系数大于 0.8 的基因–代谢物对构建转录–代谢物网络。

第二节　结果与分析

2.1　剪切力和肌内脂肪含量显著分析

本研究测定了 10 头广灵驴背最长肌的 IMF 含量。IMF 含量范围在 2.36%～ 9.03%，用 GraphPad Prism 7 软件对试验数据进行显著性分析，结果如表 3-2 所示，分别选出 IMF 含量最高和最低的驴各 3 头，分为 L 和 H 组，分别命名为 L1、L2、L3 和 H1、H2、H3。进一步使用 t 检验对其进行显著性分析，对比数据结果，L 组的肌内脂肪含量显著低于 H 组（H，8.88 ± 0.08；L，2.45 ± 0.05，$P < 0.000\,1$）。

表 3-2　广灵驴描述性统计

	群体		P	R^2
	L 组（$n=3$）	H 组（$n=3$）		
剪切力	8.90 ± 0.07	2.45 ± 0.05	$<0.000\,1$	$0.999\,4$
肌内脂肪含量	2.32 ± 0.06	8.88 ± 0.08	$<0.000\,1$	$0.999\,1$

2.2　转录组结果与分析

2.2.1　测序数据统计与分析

2.2.1.1　测序数据评估

使用 Illumina HiSeq 2000 测序系统对广灵驴的背最长肌转录组进行测序。测序后结果表明，每组至少获得 5 760 万个原始读数。将原始数据中带接头、低质量以及 N 含量超过该 Read 碱基数 10% 的 Reads 过滤后，每个样品至少获得了 5 645 万个干净读物 Clean reads，获得的 Clean base 共 55.79 G。结果如表 3-3 所示，每个组得到的 Clean reads 的量占原始读数的比例均不低于 98%，并且 Q30 碱基百分比均在 93% 及以上，说明测序的建库工作质量良好，可以进行下一步的分析。

表 3-3　测序产出统计

样本	原始读数	高质量读数	净比率（%）	有效数据（Gb）	Q20（%）	Q30（%）	GC 含量（%）
H1	57607030	56456182	98.00	8.47	97.86	93.80	52.71
H2	67485908	66252450	98.17	9.94	98.49	95.36	52.62
H3	59360730	58221334	98.08	8.73	98.44	95.22	52.44
L1	67336812	66247312	98.38	9.94	98.37	94.94	52.59
L2	64402184	63211670	98.15	9.48	98.46	95.24	53.32
L3	62628782	61565326	98.30	9.23	98.59	95.55	53.03

2.2.1.2　测序序列与参考基因的比对统计

通常情况下比对效率代表了数据的利用率。本试验的对比统计结果如表 3-4 所示，L 组（L1、L2 和 L3 3 个样品）和 H 组（H1、H2 和 H3 3 个样品）所产生的测序 reads 成功比对到广灵驴的参考基因组（Reads mapped）的比例都高于 94%，并且其唯一比对（Unique mapped）的比例均高于 90%，说明这两个文库的比对准确度都较高。此外，本试验所产生的测序 Reads 比对到基因组外显子中的比率最大，均在 78% 以上，表明基因注释完善。

表 3-4　比对效率统计

样本	高质量读数	比对到参考基因组的比例	比对到唯一位置	比对到多位置	比对到外显子的比例
H1	56456182	53525206（94.81%）	51620844（91.44%）	2690928（3.37%）	78.70%
H2	66252450	63065876（95.19%）	60397271（91.16%）	3620469（4.03%）	85.88%
H3	58221334	55414202（95.18%）	52518461（90.20%）	3903143（4.97%）	87.85%
L1	66247312	62894562（94.94%）	60450002（91.25%）	3485118（3.69%）	83.57%
L2	63211670	60222790（95.27%）	57357302（90.74%）	3878932（4.53%）	87.50%
L3	61565326	58822760（95.55%）	56016015（90.99%）	3810418（4.56%）	86.58%

2.2.2　转录组差异基因的统计与功能分析

2.2.2.1　差异基因数量统计

对 L 组与 H 组进行差异基因筛选，结果共鉴定出 167 个差异表达的基因，其中表达量发生上调的基因一共包括 64 个，占差异表达基因总数的 38.32%；其表达量发生了下调的基因一共包括 103 个，占差异表达基因总数的 61.67%。例如 SCD 基因（$\log_2$ Fold-Change=3.718），DGAT2 基因（$\log_2$ Fold-Change=2.394）和 CIDEA 基因（$\log_2$ Fold-Change=2.702）。它们可以被认为是与肌内脂肪含量相关的潜在候选基因。

2.2.2.2　差异表达聚类分析

通过提取 H 组和 L 组中差异表达基因的中心化和标准化后的 FPKM 的表达量，对这些差异表达基因中表现出相同的或比较相似的表达状况的基因进行分析。可以认为这些聚集基因可能具有相似的功能注释或者处于同一条代谢通路。所以可以通过聚类分析衡量样本或基因之间表达的相似性。

2.2.2.3　差异表达基因的 GO 分析

对 H 组与 L 组之间 167 个差异表达基因进行 GO 功能分析，其差异表达基因 GO 分类统计结果，GO 术语包括 3 类，细胞组成，分子功能和生物学过程，其分别涉 132 个、115 个及 115 个差异基因。400 个 GO 术语在 3 个类别中显著富集（$P<0.05$），其中生物过程包括细胞间黏附（GO：0098609），调节脂肪细胞分化（GO：0045598），对脂质的反应（GO：0033993）和中性脂质生物合成过程（GO：0046460），DLK1，DGAT2 和 SCD 基因在这些术语中显著富集。分子功能包括蛋白激酶 C 结合（GO：0005080），羧酸结合（GO：0031406）和有机酸结合（GO：0043177）；细胞组成包括脂质滴（GO：0005811）和质膜受体复合物（GO：0098802），CIDEA，ITGAL 基因在这些术语中差异表达。表明差异基因与细胞发育和脂肪代谢过程密切相关。

2.2.2.4　差异表达基因 KEGG 富集分析

笔者还进行了 KEGG 途径富集分析，167 个 DEGS 被整合到 KEGG 途径数据库中，对应于 177 个代谢途径，12 个 KEGG 途径显著富集，包括 IL-17 信号通路、花生四烯酸代谢，HIF-1 信号通路和果糖和甘露糖代谢和 AMPK 信号通路。

2.2.3 差异表达基因的 qPCR 验证

为了验证 RNA-Seq 结果的准确性，随机选取 7 个参与上述通路的差异表达基因（*DGAT2*，*SCD1*，*LEPR*，*DLK1*，*WNT10B*，*CIDEA*，*DGKA*）对其在 L 组和 H 组背最长肌中的表达情况进行 qPCR 验证。结果如图 3-1 所示：qPCR 结果与 RNA-Seq 结果相一致。进一步对使用 RNA-Seq 和 qPCR 这两种方法所得的 $\log_2$ 差异倍数变化进行线性拟合分析，得到的相关系数 r 达到 0.992（R^2=0.984），表明 RNA-Seq 结果可靠。

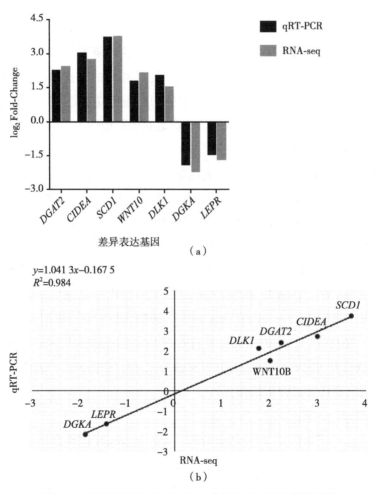

（a）

（b）

图 3-1　qRT-PCR 和 RNA-Seq 之间 7 个 DEG 的验证图

2.3　代谢组结果与分析

2.3.1　代谢组数据统计

2.3.1.1　广灵驴肉样 UPLC/TOF-MS 代谢指纹谱的建立

采用超高效液相色谱法（UPLC）和串联质谱法（MS/MS）对广灵驴 L 组和 H 组的代谢产物动态变化进行了研究，利用软件 Analyst 1.6.3 处理质谱数据，获得混样质控 QC 样本的 TIC 图。不同肌内脂肪的广灵驴的肉样 GC-MS 分析的典型 TIC 见图 3-2 和图 3-3。从图中可以看出在代谢产物检测过程中，TIC 曲线有

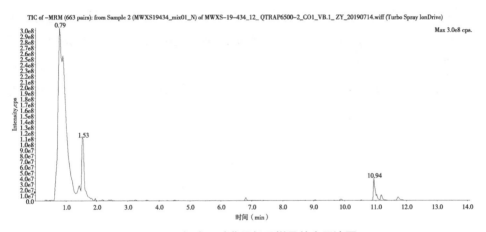

图 3-2　L 组广灵驴背最长肌样品总离子流图

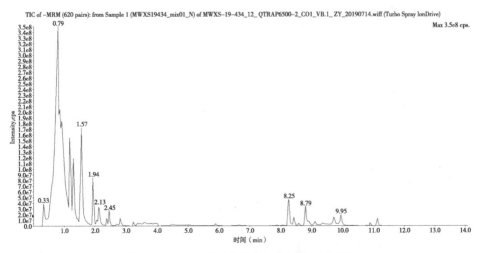

图 3-3　H 组广灵驴背最长肌样品总离子流图

重叠现象。保留时间和峰强度一致，表明在不同时间检测到相同样品时信号稳定。此外，可以看出组织中的各种化学物质能够有效地分离开，并且 L 组和 H 组之间的代谢物具有明显的差异，这个结果表明该试验采用的技术有效，得到的数据具有可信性。

2.3.1.2 主成分分析及正交偏最小二乘法判别分析

通过对样本数据进行 PCA 分析，可以初步了解组间样品的代谢物差异和组内样品之间的变异度大小。结果如图 3-4 所示，代谢组在 L 组和 H 组之间分离，表明两组之间的代谢物种类和数量存在差异。但是，尽管 PCA 可以提取主要信息，但该方法对一些相关性不明显的变量不能有效提取。相比于 PCA，OPLS-DA 可以过滤不相关的差异，从而将 L 组和 H 组之间的区别变得最大，这对发现更多的差异代谢物具有重要意义。对其进行 OPLS-DA 分析，可看出两组样品可以明显地分为两类，即 L 组、H 组能够明显地区分开，提示各组间代谢物表型存在显著差异，说明 L 组与 H 组的代谢存在显著的影响。这些结果表明材料具有足够的重现性，使其适合于以下定性和定量分析验证。图 3-4 为 PCA 和 OPLS-DA 模型计算结果。

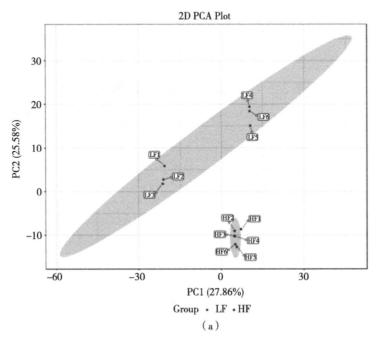

（a）

图 3-4　分组主成分分析（a）及 OPLS-DA 得分图（b）

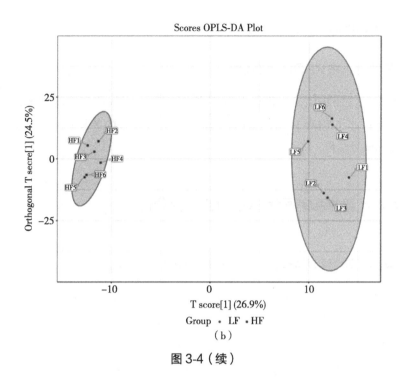

图 3-4（续）

2.3.2 代谢产物分析与鉴定

2.3.2.1 基于 UPLC-MS/MS 的代谢组学定量分析及总代谢产物鉴定

通过对同一组间平行样品进行相关性分析，可以有效地鉴定组内平行样品之间的重复性。其组间样品的 Pearson 相关系数接近，表明其重复样品间的相关性较强，试验数据可靠。经过代谢组学的定量分析，在 L 组和 H 组之间共鉴定出 591 种具有已知结构的代谢物。在 591 种代谢物中，有机酸（21%）、氨基酸（16%）、脂质（磷脂、氧化脂质和脂肪酸，13%）、有机酸（14%）和碳水化合物（8%）占很大的比例。

2.3.2.2 差异代谢物分析

对 L 组与 H 组进行差异代谢物筛选，结果共鉴定出 72 个差异表达的基因，其中有 27 个代谢物上调，占差异表达基因总数的 37.5%；45 个代谢物下调，占差异表达基因总数的 62.5%。在 L 组和 H 组的差异累积代谢物中，脂质（磷脂、氧化脂质和脂肪酸，21%）、氨基酸（15%）、有机酸（14%）、核苷酸（13%）和碳水化合物（10%）代谢物最多。

2.3.3 差异代谢物 KEGG 富集分析

根据差异代谢物结果，进行 KEGG 通路富集，将代谢物注释到 KEGG 数据库后，统计样本 L 组和 H 组的 KEGG 通路分析所包含的差异代谢物数量，共获得差异代谢物 72 个，对应在 42 个代谢通路中。

2.4 差异代谢物和差异表达基因的联合分析

2.4.1 差异代谢物和差异表达基因的联合 KEGG 富集分析

为了进一步了解脂肪沉积的分子机制，笔者进行了基于 RNA-Seq 的转录组分析，在 L 组和 H 组中检测到显著差异表达基因，为了探讨与 IMF 沉积相关的基因与代谢物的代谢通路途径关系，笔者将 H 组和 L 组的差异代谢物与差异表达基因进行 KEGG 通路联合分析，发现共有 35 条共富集通路，如表 3-5 所示，其中包括溶血卵磷脂酰乙醇胺 16：0、G3P、溶血卵磷脂酸 16：0 和溶血卵磷脂酰胆碱 16：0 等差异代谢物，它们在 H 组中的含量均发生下调。

表 3-5　部分 KEGG 通路共富集表

KEGG 路径	基因数	基因注释	Meta 数	Meta 注释
甘油酯代谢	2	DGKA；DGAT2	3	UDP-葡萄糖；3-磷酸甘油；4-溶血卵磷脂酸 16：0
甘油磷脂代谢	3	DGKA；PLA2G3；GPCPD1	9	3-磷酸甘油；溶血卵磷脂酰胆碱 16：0；溶血卵磷脂酸 16：0
花生四烯酸代谢	4	PLA2G3；AKRIC3；LOC10682724；CYP4F	3	二十碳四烯酸；二十碳三烯酸
亚油酸代谢	1	PLA2G3	1	十八碳烯酸
不饱和脂肪酸的生物合成	1	SCD	2	花生酸（C20：0）；二十六碳六烯酸（DHA）

2.4.2 差异代谢物和差异表达基因的相关性分析

对每组差异分组检测到的基因和代谢物进行相关性分析，使用 R 中的 cor 程序计算基因和代谢物的皮尔森相关系数，通过九象限图展示每个差异分组里皮尔森相关系数大于 0.8 的基因代谢物的差异倍数情况，生成九象限图。用黑色虚线，从左至右、从上至下，依次分为 1～9 个象限，如图 3-5 所示。

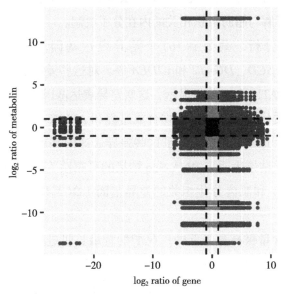

图 3-5　相关性分析九象限图

黑色虚线将每个图分成 9 个象限。第 1 象限显示发生上调的代谢物和发生下调的基因；第 2 象限显示发生了上调代谢物和未发生改变的基因；第 3 象限显示发生上调的代谢物和发生上调的基因；第 4 象限显示未发生改变的代谢物和下调的基因；第 5 象限显示代谢物和基因均未发生改变；第 6 象限显示未改变的代谢物和上调的基因；第 7 象限显示下调的代谢物和下调的基因；第 8 象限显示下调的代谢物和未改变的基因；第 9 象限显示下调的代谢物和上调的基因。因此，第 3 象限和第 7 象限显示的差异表达基因和差异代谢物正相关且具有相似的一致性模式，而第 1 象限和第 9 象限显示的差异表达基因和差异代谢物负相关且具有相反的模式。

第三节 总 结

本试验对肌内脂肪含量极高和极低的广灵驴进行了研究，分别利用 RNA-Seq 和 UPLC-MS/MS 技术对其背最长肌组织进行转录组测序及代谢组分析。将测序鉴定的差异表达基因与差异代谢物进行关联分析，结合 GO 功能分析和 KEGG 通路分析显示筛选代谢通路，利用 RT-qPCR 技术验证相关通路的差异表达基因，深入地了解与脂肪沉积相关的内在分子机制。

通过转录组分析，共得到 167 个差异表达基因，包括 *ITGAL*、*MAPK*、*WNT10B*、*DLK1*、*SCD*、*DGAT2* 和 *CIDEA* 等。对这些差异表达基因进行 GO 功能分析和 KEGG PATHWAY 分析显示，这些差异表达基因在细胞间黏附、脂肪细胞分化、中性脂质代谢及脂质的生物合成过程和 AMPK 信号通路和花生四烯酸代谢通路中富集。通过 qPCR 验证了这些差异表达的基因在 L 组和 H 组背最长肌中的表达情况，结果表明了 RNA-Seq 结果的可靠性（R^2=0.984）。此外与脂肪分解代谢（*LEPR*）和肌肉分化相关的差异基因（*DGKA* 和 *VEGF*）在高脂组中的表达减低。

对肌内脂肪含量极高和极低的广灵驴的背最长肌进行代谢组分析，在 L 组和 H 组中检测到 591 个代谢物，共 72 个差异积累的代谢物，其中脂质（磷脂、氧化脂质和脂肪酸）、氨基酸、有机酸、核苷酸和碳水化合物代谢物最多。代谢组和转录组数据的关联分析表明，共有 35 条共富集通路，在不饱和脂肪酸的生物通路中，检测到多不饱和脂肪酸包括 DHA、AA 的差异表达，在饱和脂肪酸的生物通路中检测到二十烷酸（20∶0）和棕榈油酸（16∶1）的差异表达，表明肌内脂肪含量的高低对脂肪酸的含量和种类具有影响。在甘油磷脂代谢途径中，检测到溶血卵磷脂酰胆碱 16∶0、G3P 和 LPA 的差异表达，九象限和网络图构建了由 23 个节点，29 个联线组成的转录-代谢相关网络，其中 13 对是正相关，16 对是负相关，表明这些代谢物与 *PLA2* 和 *DGKA* 基因的差异表达有关，这些基因可作为脂肪沉积的候选基因。

第四章

基于转录组和代谢组学研究调控驴背最长肌嫩度的分子机制

驴 肉 品 质 性 状 研 究 概 论

本试验通过转录组测序技术和代谢组测序技术对不同肉质嫩度的广灵驴的背最长肌进行分析，并进一步进行联合分析，从分子水平上揭示不同肉质嫩度的广灵驴个体遗传差异的分子机制，为改善肉质品质、提供高质量驴肉奠定基础。本研究所鉴定的候选基因有助于日后进一步探究驴肉嫩度的分子机制，为广灵驴的分子育种以提供了理论依据。

第一节　材料与方法

本研究以广灵驴为研究对象，选择不同肉质嫩度的广灵驴，采用转录组测序技术（RNA-Seq）和基于高效液相色谱–质谱（LC-MS）的代谢组测序技术对其背最长肌进行分析，找出两组之间的差异基因和差异代谢物，并通过联合分析来确定与嫩度相关分子机制。

1.1　试验动物

以广灵驴为研究对象，从山西省忻州市繁峙县田源毛驴养殖科技发展有限公司中选择生长环境和饲养条件相同的广灵驴 30 头（平均年龄为 36 月龄）。于屠宰 30 min 内无菌采集其第 12~13 肋骨间的背最长肌组织，放入 2 mL 冻存管中，随后立即冷冻于液氮中保存备用。

1.2　试验方法

1.2.1　剪切力的测定

参照 NY/T 1180—2006《肉嫩度的测定　剪切力测定法》测定广灵驴背最长肌的剪切力。

1.2.2　肌内脂肪含量的测定

参照 GB 5009.6—2016《食品安全国家标准　食品中脂肪的测定》测定广灵

驴背最长肌的肌内脂肪含量。

1.2.3 转录组样品总 RNA 的提取

使用 Trizol 试剂提取背最长肌组织中提取总 RNA，整个提取过程在超净工作台内操作。然后利用 Nanodrop 2000 和 Agilent 2100 生物分析仪对总 RNA 的浓度、纯度以及 RIN（RNA integrity number）值进行检测，最后总 RNA 完整性用 1% 琼脂糖凝胶电泳进行检测。

1.2.4 转录组样品 cDNA 文库的构建

取检验合格的总 RNA 样品 1 μg，用磁珠法富集 mRNA 并将其断裂成 300 bp 大小的片段；再将 mRNA 片段反转录成第一链 cDNA 和双链 cDNA；然后对双链 cDNA 进行末端修复、3′ 末端加 A 尾以及连接 Adapter；最后 PCR 扩增纯化后得到最终的 cDNA 文库。将构建好的文库在 Illumina Novaseq 6000 平台上进行双端测序，测序工作由上海美吉生物医药科技有限公司完成。

1.2.5 转录组测序数据分析

Illumina 平台通过对 cDNA 文库进行测序，将测序得到的图像数据以 Fastq 格式储存起来的数据称为原始数据（Raw reads）。对每一个样本的 Raw reads 进行测序相关质量评估后并进行过滤，从而得到后续分析使用的高质量的质控数据（Clean data）。然后从 NCBI 数据库中下载的驴的基因组数据（*GCF_001305755.1*）作为参考基因组，将得到的 Clean data 与参考基因组进行比对，获得用于后续转录本组装、表达量计算等的 Mapped data，这些 Mapped data 可进一步进行转录本的预测等分析。

1.2.6 基因功能注释与差异表达基因筛选

利用 Trinity 2.8.4 软件对 reads 序列进行组装拼接，获得 Unigenes 序列，使用在线软件 BLAST 2.6.0（http: //ftp.ncbi.nlm.nih.gov/blast/executables/blast+/2.6.0/）对所有 Unigenes 序列与非冗余蛋白数据库（Non-Redundant protein sequence database，NR）、Swiss-Prot 蛋白质序列数据库（Manually annotated and reviewed protein sequence database，Swiss-Prot）、直系同源蛋白数据库（Clusters of orthologous groups of proteins，EggNOG）、蛋白质家族数据库（Protein family，Pfam）、基因本体数据库（Gene ontology，GO）和 KEGG 数据库进行比对，得到组装后 Unigenes 的注释信息。为便于差异表达基因的筛选，本研究利用定量指标 TPM（Transcripts per million reads，即每百万读段中来自某转录本的读段数）方法来计算基因表达水平。使用 DESeq2 进行样品组间的基因差异表达分析，计算每个基因的差异表达倍数（Fold Change，FC），并以 $|\log_2 \text{Fold-Change}| \geqslant 1$ 且校正后的 $P < 0.05$ 为标准筛选差异表达基因。

1.2.7　差异表达基因的功能富集

为了进一步了解差异表达基因与广灵驴肉质嫩度的相关性。利用在线软件 Goatools（https://github.com/tanghaibao/GOatools）对差异表达基因进行 GO 功能分析；使用在线软件 KOBAS（http://kobas.cbi.pku.edu.cn/home.do）对差异表达基因进行 KEGG 通路富集分析。并以校正的 $P < 0.05$ 为条件判断 GO 功能分析和 KEGG 通路分析存在显著富集情况。

1.2.8　实时荧光定量 PCR 验证

为了验证广灵驴不同肉质嫩度的 RNA-Seq 测序中基因表达数据的重复性和准确性，对 4 个与肌肉相关的基因（*MYL1*，*CRYAB*，*TNNT3*，*BDH1*）和 4 个与肌内脂肪沉积相关的基因（*FABP4*，*PPARγ*，*DGAT2*，*SCD*）进行实时荧光定量 PCR（Quantitative real-time PCR，qRT-PCR）。将广灵驴的 *β-actin* 基因作内参基因与目标基因一起扩增，引物信息如表 4-1 所示。qRT-PCR 反应体系和反应程序按照表 4-2 和表 4-3 进行，每个样品进行 3 次重复。组间差异基因的相对表达量采用 $2^{-\Delta\Delta CT}$ 法来计算并用 GraphPad Prism 8 软件进行绘图。

表 4-1　引物序列和产物大小

登录号	引物名称	引物序列（5′→3′）	产物大小（bp）
XM_014867744.1	*MYL1-F*	GGGCACAAATCCCACCAATG	147
	MYL1-R	TCTTCATAGCTGCCCTGGTC	
XM_014855437.1	*CRYAB-F*	ATGTGGACCCTCTTGCCATT	105
	CRYAB-R	TGATGGGAATGGTACGCTCA	

（续）

登录号	引物名称	引物序列（5′→3′）	产物大小（bp）
XM_014830190.1	TNNT3-F	CAGCCACTTTGAAGCACGGA	147
	TNNT3-R	TTCTCCTCCGCCAGTCTGTT	
XM_014860135.1	BDH1-F	CCGCGTCATCAACATCAGCA	198
	BDH1-R	TGGATGCGCTCAGGACTGTA	
XM_014851008.1	FABP4-F	TGCATTTGTAGGCACCTGGA	101
	FABP4-R	CCATGCCAGCCACTTTCC	
XM_014838392.1	PPARγ-F	AGGAGAAGCTGTTGGCAGAG	119
	PPARγ-R	GGTCAGTGGGAAGGACTTGA	
XM_014855840.1	DGAT2-F	CTCAACAGGTCCCAGGTGGA	84
	DGAT2-R	GGACACTCCCATCACGAGGA	
XM_014865738.1	SCD-F	TGTCGTGTTGCTGTGCTTCA	111
	SCD-R	AGCACAAGAGCGTAACGCAA	
XM_014835097	β-actin-F	CGACATCCGTAAGGACCTGT	100
	β-actin-R	CAGGGCTGTGATCTCCTTCT	

表4-2　目的基因的 qRT-PCR 反应体系

反应物	体积（μL）
2×Realtime PCR Super mix	10.0
dd H_2O	6.5
上游引物	0.5
下游引物	0.5
cDNA 样品	2.5
总计	20.0

表4-3　荧光定量 PCR 扩增体系

反应阶段	循环数	程序
预变性	1	95℃ 10 min

（续）

反应阶段	循环数	程序
PCR 扩增反应	40	95℃ 15 s
		60℃ 1 min
		72℃ 20 s
形成溶解曲线反应	1	95℃ 15 s
		60℃ 1 min

1.2.9　代谢组样品处理

取 50 mg 背最长肌组织样本于 2 mL 离心管中，加入一颗直径 6 mm 的研磨珠。再加入 400 μL 提取液 ［甲醇∶水 =4∶1（$V∶V$）］含 0.02 mg/mL 的内标（L-2-氯苯丙氨酸）进行代谢产物提取。样本溶液于冷冻组织研磨仪研磨6 min（-10℃，50 Hz），然后低温超声提取 30 min（5℃，40 kHz）。将样品静在-20℃中静置 30 min，离心 15 min（4℃，13 000 r/min）后移取上清液至带内插管的进样小瓶中进行上机分析，并取等体积的所有样本代谢物混合制成质控样本（Quality control，QC）。每 6 个样品穿插 1 个 QC 样品进样，所有样品均采用LC-MS 进行分析，每组样品有 6 个生物学重复。

1.2.10　代谢物的 LC-MS 检测

本次 LC-MS 分析的仪器平台为 Thermo 公司的超高效液相色谱串联飞行时间质谱 UHPLC-Q Exactive HF-X 系统。

色谱条件：

（1）HSS T3 色谱柱（100 mm×2.1 mm i.d.，1.8 μm）；

（2）流动相 A 为 95% 水 +5% 乙腈（含 0.1% 甲酸），流动相 B 为 47.5% 乙腈 +47.5% 异丙醇 +5% 水（含 0.1% 甲酸）；

（3）分离梯度：见表 4-4；

（4）柱温为 40℃，进样量为 2 μL。

质谱条件：

（1）样品质谱信号采集采用正负离子扫描模式，质量扫描范围 m/z：70～1 050；

（2）离子喷雾电压，正离子电压 3 500 V，负离子电压 2 800 V；

（3）鞘气 40 psi，辅助加热气 10 psi，离子源加热温度 400℃，20～40～60 V 循环碰撞能，MS1 分辨率 70 000，MS2 分辨率 17 500。

表 4-4　色谱的分离梯度

时间（min）	过程	流速（mL/min）
0～3.5	B 从 0 升至 24.5%	0.4
3.5～5	B 从 24.5% 升至 65%	0.4
5～5.5	B 从 65% 升至 100%	0.4
5.5～7.4	B 维持 100%	0.6
7.4～7.6	B 从 100% 降至 51.5%	0.6
7.6～7.8	B 从 51.5% 降至 0	0.5
7.8～9	B 维持 0	0.4
9～10	B 维持 0	0.4

1.2.11　代谢组的数据处理和分析

使用软件 Progenesis QI 对原始数据处理，然后对样本质谱峰的响应强度进行归一化处理以减小样品制备及仪器不稳定带来的误差，同时删除 QC 样本相对标准偏差（RSD）>30% 的变量，并进行 $\log_{10}$ 对数化处理，得到最终用于后续分析的数据矩阵。最后同时将 MS（一级质谱）和 MSMS（二级质谱）的质谱信息与代谢公共数据库 HMDB（http://www.hmdb.ca/）和 Metlin（https://metlin.scripps.edu/）数据库中进行匹配，得到代谢物信息。

利用主成分分析和正交最小偏二乘判别分析（Orthogonal partial least squares discriminant analysis，OPLS-DA）来了解各组样本之间的总体代谢差异和组内样本之间的变异度大小。显著差异代谢物的选择基于 VIP 和 Student's-*t* 检验 *P* 来初步确定。通常认为 VIP≥1 且 *P*<0.05 的代谢物为显著差异代谢物。使用美吉云平台（http://cloud.majorbio.com/）的自建数据库对筛选出的差异代谢物进行了表征，并对差异显著表达的代谢物的表达模式聚类分析。最后通过 KEGG 数据库（https://www.kegg.jp/kegg/pathway.html）进行的代谢通路注释，获得差异代谢物

参与的通路，并以校正的 $P<0.05$ 为条件判断 KEGG 通路存在显著富集情况。

1.2.12　转录组和代谢组联合分析

利用 KEGG 数据库（http://www.genome.jp/kegg/）对相同分组的差异基因与代谢物的通路富集分析，以 P 为筛选标准，并利用 Cytoscape 3.8 软件预测相关联合 KEGG 通路的网络图。然后用 R 语言 cor 程序计算基因和代谢物的斯皮尔曼系数（Spearman），并绘制聚类图并结合 Spearman 相关系数筛选出大于 0.8 的基因和代谢物对构建转录–代谢物网络。最后通过 O2PLS 挖掘差异表达基因与差异代谢物之间的关联关系。

第二节　结果与分析

2.1　剪切力和肌内脂肪含量的测定和分析

通过对 30 头广灵驴剪切力和肌内脂肪含量的综合分析，筛选出剪切力和肌内脂肪含量存在显著差异的 8 头广灵驴（生长环境和饲养条件相同，年龄一致），并将其分为高嫩度组（HT，$n=4$）和低嫩度组（LT，$n=4$）（表 4-5）。

表 4-5　广灵驴描述性统计

项目	群体		P
	LT 组（$n=4$） LT 群体	HT 组（$n=4$） HT 群体	
剪切力（KGF）	8.79 ± 0.65	3.67 ± 0.32	<0.000 1
肌内脂肪含量（%）	2.95 ± 0.30	8.30 ± 0.35	<0.000 1

2.2 总 RNA 提取与质量检测

测定的 8 头广灵驴的背最长肌组织的总 RNA 浓度均在 100 ng/μL 左右，OD260/280 的比值为大于 1.9，RIN 值＞7.5。电泳结果显示 8 个样品中的 RNA 质量都较高，满足建库需求，可以进行后续试验。

2.3 转录组结果与分析

2.3.1 测序数据统计与分析

将得到的 Raw reads 过滤后，每个样品至少获得了 5 770 万个 Clean reads，各样品 Clean base 均达到 8.48 Gb 以上，Q30 碱基百分比在 94.4% 以上。结果如表 4-6 所示，这个结果说明测序的建库工作质量良好，可以进行下一步分析。

表 4-6　测序产出统计

样本	原始读数	原始数据量	质控后读数	质控后数据量	平均错误率	Q20（%）	Q30（%）	GC含量（%）
HTE1	61906256	9347844656	61290262	9035778842	0.024 6	98.2	94.59	52.78
LTE4	66568252	10051806052	65908148	9697785794	0.024 4	98.28	94.79	54.68
HTE3	60164508	9084840708	59552706	8835767248	0.024 6	98.21	94.56	52.61
HTE4	59742724	9021151324	59133654	8708425752	0.024 3	98.28	94.8	54.57
LTE1	58576778	8845093478	57817270	8479215179	0.024 4	98.25	94.75	55.38
LTE2	58421746	8821683646	57775878	8508476857	0.024 3	98.31	94.82	54.92
LTE3	60487226	9133571126	59791286	8796072742	0.024 3	98.31	94.87	54.43
HTE2	65730914	9925368014	65035338	9542293954	0.024 7	98.16	94.44	53.43

通常情况下比对效率代表了数据的利用率。本试验的对比统计结果如表 4-7 所示，HT 组（HTE1、HTE2、HTE3、HTE4）和 LT 组（LTE1、LTE2、LTE3、LTE4）所产生的测序 Clean reads 成功比对到广灵驴的参考基因组（Total mapped）的比例均高于 93.6%，比对到多位置（Multiple mapped）的比例均低于 5.4%，比对到唯一位置（Uniquely mapped）的比例均高于 88.7%，说明这两个文库的比对准确度都较高。

表 4-7　比对效率统计

样本	高质量读数	比对到参考基因组	比对到多位置	比对到唯一位置
HTE1	61290262	57991993（94.62%）	2784707（4.54%）	55207286（90.08%）
HTE2	65035338	60917436（93.67%）	2713934（4.17%）	58203502（89.50%）
HTE3	59552706	55857678（93.80%）	2310092（3.88%）	53547586（89.92%）
HTE4	59133654	55816127（94.39%）	2871615（4.86%）	52944512（89.53%）
LTE1	57817270	54375703（94.05%）	3052660（5.28%）	51323043（88.77%）
LTE2	57775878	54519889（94.36%）	3045243（5.27%）	51474646（89.09%）
LTE3	59791286	56131936（93.88%）	3010857（5.04%）	53121079（88.84%）
LTE4	65908148	62263508（94.47%）	3541419（5.37%）	58722089（89.10%）

2.3.2　转录本的功能注释及分类

为了解转录本 Unigene 序列信息，将组装好的 62 455 个 Unigenes 序列比对到 NR、Swiss-Prot、EggNOG、Pfam、GO 和 KEGG 数据库中，有 19 829 个 Unigenes 获得注释信息，所占比例为 31.75%。其中 Unigenes 注释成功最多的为 NR、Swiss-Prot、EggNOG 以及 Pfam 数据库，分别为 18 539 个、17 809 个、17 607 个和 16 078 个，分别占总 Unigene 数的 29.68%、28.51%、28.19% 以及 25.74%。注释在 KEGG 和 GO 数据库中的 Unigenes 个数分别为 13 447 个和 11 170 个，分别占总 Unigenes 个数的 21.53% 和 17.88%（表 4-8）。

表 4-8　BLAST 比对公共数据库结果

数据库	注释	百分比（%）	数据库	注释	百分比（%）
NR	18 539	29.68	GO	11 170	17.88
Swiss-Prot	17 809	28.51	KEGG	13 447	21.53
EggNOG	17 607	28.19	Total	19 829	31.75
Pfam	16 078	25.74			

2.3.3　转录组差异表达基因的统计和聚类分析

与对照组（LT 组）相比，在 HT 组中共鉴定出 1 253 个差异表达基因，其中表达量发生上调（up）的基因共有 832 个，占差异表达基因总数的 66.40%，表达量发生下调（down）的基因共有 421 个，占差异表达基因总数的 33.60%（图 4-1）。

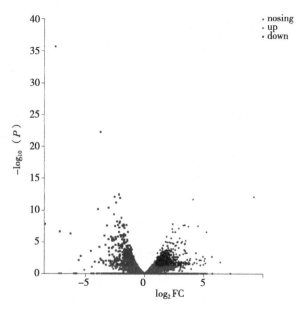

图 4-1　HT 组和 LT 组的组间差异基因火山图

通过对 HT 和 LT 两组中的差异表达基因进行分析，可以把 HT 与 LT 聚为两个类别，HT 组中的样本 HTE1、HTE3、HTE2、HTE4 聚为一类，LT 组的样本 LTE2、LTE4、LTE1、LTE3 聚为一类，这说明这些聚集基因可能具有相似的功能注释或者处于同一条代谢通路且不同样本间的表达差异明显，因此可以通过聚类分析衡量样本或基因之间表达的相似性。

2.3.4　差异表达基因的 GO 功能分析和 KEGG 富集分析

对筛选出的差异表达基因进行 GO 功能富集分析，被注释的差异表达基因分别参与细胞组成（Cellular process，CC）、分子功能（Molecular function，

MF）和生物过程（Biological process，BP）中的5、29和98个功能亚分类（GO Terms）（P＜0.05）。挑选出其中富集最显著的20个GO Terms发现，其中富集到细胞组成中的GO Terms包括肌原纤维（Myofibril）、收缩纤维（Contractile fiber）和收缩纤维部分（Contractile fiber part）；富集到分子功能中的GO Terms包括二十碳四烯酸结合（Icosatetraenoic acid binding）、花生四烯酸结合（Arachidonic acid binding）、细胞骨架蛋白结合（Cytoskeletal protein binding）、长链脂肪酸结合（Long-chain fatty acid binding）以及Hsp70蛋白结合（Hsp70 protein binding）；富集到生物学过程中的GO Terms包括应激反应的调节（Regulation of response to stress）、肌肉系统过程（Muscle system process）、肌肉收缩（Muscle contraction）、细胞蛋白质代谢过程的负调控（Negative regulation of cellular protein metabolic process）以及蛋白质代谢过程的负调控（Negative regulation of protein metabolic process），这些GO Terms均参与广灵驴肉质嫩度的调控。

为了进一步揭示差异表达基因的生物学功能和探究广灵驴肉质嫩度的代谢调控途径，对差异表达基因进行KEGG富集分析，结果显示共有887个差异表达基因富集到310个代谢途径中，其中有29个代谢途径显著富集（P＜0.05），选取显著富集的前25条KEGG代谢通路进行展示，其中糖酵解/糖异生（Glycolysis/Gluconeogenesis）、胰高血糖素信号通路（Glucagon signaling pathway）、胰岛素信号通路（Insulin signaling pathway）、HIF-1信号通路（HIF-1 signaling pathway）、磷酸戊糖途径（Pentose phosphate pathway）、AMPK信号通路（AMPK signaling pathway）、果糖和甘露糖代谢（Fructose and mannose metabolism）、胰岛素抵抗（Insulin resistance）、甘油酯代谢（Glycerolipid metabolism）、甘油磷脂代谢（Glycerophospholipid metabolism）以及黏附斑激酶信号通路（Focal adhesion）等多种途径可能影响广灵驴的肉质嫩度。

2.3.5 广灵驴肉质嫩度相关基因的筛选

为了进一步筛选与广灵驴肉质嫩度相关的候选基因，结合数据库功能注释、GO显著富集功能、KEGG显著富集通路及差异基因表达倍数，共筛选到17个与肉质嫩度相关的基因，在这些基因中与肌肉相关的基因有6个（ANKRD1、ASB2、BDH1、CRYAB、TNNT3、MYL1），与肌内脂肪相关的基因有11个

（*DGAT2*、*ELOVL6*、*IGF1*、*PPARα*、*PPARγ*、*LPL*、*FABP4*、*SCD*、*GPAM*、*PCK1* 和 *HOXC10*）。

2.3.6　差异表达基因的 qRT-PCR 验证

为了验证 RNA-Seq 结果的准确性，随机选取 8 个于嫩度相关的差异表达基因（*MYL1*、*CRYAB*、*TNNT3*、*BDH1*、*FABP4*、*PPARγ*、*DGAT2* 和 *SCD*），以 *β-actin* 为内参基因，使用与 RNA-Seq 测序相同的广灵驴背最长肌组织的 RNA 样品进行荧光定量 PCR，并将其与转录组分析结果相比较。结果如图 4-2 所示：8 个基因的 qRT-PCR 结果与 RNA-Seq 结果总体趋势相一致，说明 RNA-Seq 结果的可靠性。

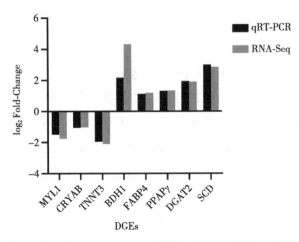

图 4-2　qRT-PCR 和 RNA-Seq 之间 8 个差异表达基因的验证图

2.4　代谢组结果与分析

2.4.1　代谢物 PCA 分析和 OPLS-DA 分析

采用 QC 评价分析方法的稳定性和重复性，在样品进样的过程中进行随机插入。在本研究中，所有入选的离子峰强度在 QC 中的 RSD 均小于 30%，表明建立的分析方法得到的数据稳定。经过所有 QC 样品比对，LC-MS 的总离子色谱

图一共提取到 10 365 个化合物峰（在正离子模式下 4 950 个，在负离子模式下 5 415 个）。对于代谢物的鉴定，本研究采用结合一级质谱与二级质谱结合的方法对比数据库进行代谢物的注释，采用保留时间和精确质谱数据在对应的代谢数据库以及结合仪器综合所建数据库进行相关比对，共确定了 699 种代谢物（正离子模式下 481 种，负离子模式下 218 种）。针对整个数据集生成了无监督的 PCA 识别模型，以评估多维数据样本的聚类趋势并了解组内样品之间的变异度大小和 QC 的变异性，如图 4-3 所示。正离子模式（a）和负离子模式（b）中的 QC 均能较好地聚集在中心点附近，表明两组之间的代谢物种类和数量存在着差异，说明分析方法重复性和稳定性均较好，可用于进一步的组内差异分析。

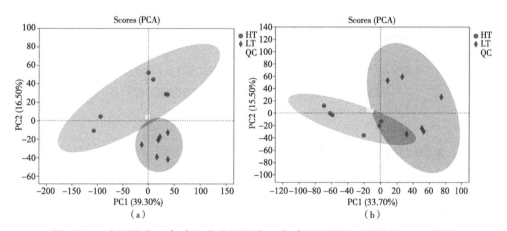

图 4-3　正离子模式下（a）和负离子模式下（b）两组样品及质控的 PCA 结果

尽管 PCA 可以提取主要信息，但该方法对一些相关性不明显的变量不能有效提取。为进一步建立各组间的特异性差异模型，利用 OPLS-DA 表征组间真实的差异，OPLS-DA 可以过滤不相关的差异，从而将组间之间的区别变得最大，这对发现更多的差异代谢物具有重要意义。对其进行 OPLS-DA 分析，从图 4-4 中可以看出，HT 组和 LT 组在正离子模式（a）和负离子模式（b）下均有效地分成两类。可看出两组样本的重复点相距较近，且分别聚成一类，表明数据重复性好，同时，两组样品各居一侧，区分效果非常明显，说明各组间代谢物表型存在显著差异。为了避免过度拟合，本研究还进行 OPLS-DA 模型验证（置换检验 n=200），正负两种离子模式下的 R^2 与 Q^2 截距分别达到 0.928 7，−0.009 3 和 0.936，−0.117 7。理论上讲，R^2 的值越接近 1 说明模型越可靠。说明两个模型具有较好稳定性且不存在过拟合现象。这些结果表明材料具有足够的重现性，使其适合于以下定性和定量分析验证。t 检验。

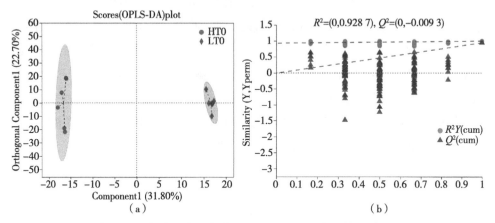

图 4-4　正离子模式下（a）和负离子模式下（b）两组样品的
OPLS-DA 模型得分图（左）与模型验证图（右）

2.4.2　差异代谢物分析与鉴定

　　本研究在正负离子模式下共鉴定出 699 种具有已知结构的代谢物。通过 OPLS-DA 模型的 VIP（VIP＞1）和独立样本 t 检验的 P（$P<0.05$）从所有代谢物中筛选差异代谢物，选出的差异代谢物即为组间分离的标志变量。从结果可知，和对照组（LT）相比，HT 组中初步鉴定出 225 个差异代谢物（正离子模式下 159 个，负离子模式下 66 个），其中上调的有 154 个，占差异代谢物总数的 68.4%，下调的有 71 个，占差异代谢物总数的 31.6%。然后将差异代谢物注释到 HMDB 数据库进行分类，在 HT 组和 LT 组的差异累积代谢物中，脂质和类脂质分子（Lipids and lipid-like molecules）最多，占 38.15%，有机酸及其衍生物（Organic acids and derivatives）占 25.43%，有机杂环化合物（Organoheterocyclic compounds）占 12.72%，有机氧化合物（Organic oxygen compounds）占 9.83%，苯丙烷和聚酮化合物（Phenylpropanoids and polyketides）占 4.62%，核苷、核苷酸和类似物（Nucleosides, nucleotides and analogues）占 4.05%，其余的占 5.21%。

2.4.3 差异代谢物的聚类分析

采用聚类分析方法对 HT 组和 LT 组中筛选出来的 225 种差异代谢物进行聚类分析可以把 HT 与 LT 聚为两个类别，HT 组中的样本 HT06、HT03、HT04、HT05、HT01、HT02 聚为一类，LT 组的样本 LT02、LT04、LT01、LT03、LT05、LT06 聚为一类，这说明这些聚集的代谢物可能具有相似的功能注释或者处于同一条代谢通路且不同样本间的表达差异明显，因此可以通过聚类分析衡量样本或代谢物之间表达的相似性。

2.4.4 差异代谢物 KEGG 富集分析

根据差异代谢物结果，将代谢物注释到 KEGG 数据库，结果发现，共有 111 条通路注释到 KEGG 通路中，其中有 20 条 KEGG 代谢通路显著富集（$P<0.05$）。在这些代谢通路中，嘌呤代谢（Purine metabolism）、磷酸戊糖途径（Pentose phosphate pathway）、组氨酸代谢（Histidine metabolism）、甘氨酸、丝氨酸和苏氨酸代谢（Glycine, serine and threonine metabolism）、甘油磷脂代谢（Glycerophospholipid metabolism）、谷胱甘肽代谢（Glutathione metabolism）、FoxO 信号通路（FoxO signaling pathway）、D-谷氨酰胺与 D-谷氨酸代谢（D-Glutamine and D-glutamate metabolism）、柠檬酸盐循环（Citrate cycle, TCA cycle）、精氨酸生物合成（Arginine biosynthesis）、丙氨酸、天冬氨酸和谷氨酸代谢（Alanine, aspartate and glutamate metabolism）等 11 个通路与广灵驴的肉质嫩度有关。

2.4.5 广灵驴肉质嫩度相关代谢物的筛选

为了进一步筛选与广灵驴肉质嫩度相关的差异代谢物，结合数据库功能注释和 KEGG 显著富集通路，共筛选到 43 个与肉质嫩度相关的代谢物，其中上调的有 33 个，下调的有 10 个。

2.5 转录组和代谢组的联合分析

为了解广灵驴肉质嫩度相关的分子机制并筛选出相关的基因和代谢物，本研究使用三个模型对转录组和代谢组进行了综合分析，包括 KEGG 通路模型、相关系数模型以及 O2PLS 模型。

2.5.1 转录组和代谢组联合 KEGG 通路分析

本研究对相同分组的差异表达基因和差异代谢物进行联合 KEGG 通路联合分析，结果发现有 57 条共富集通路，有 8 条代谢通路（癌症的胆碱代谢、癌症中的中央碳代谢、甘油磷脂代谢、磷酸戊糖途径、丙氨酸、天冬氨酸和谷氨酸代谢、精氨酸和脯氨酸代谢、胰高血糖素信号通路以及 PPAR 信号通路）在 KEGG 联合通路中富集（$P<0.1$），其中甘油磷脂代谢、磷酸戊糖途径、丙氨酸、天冬氨酸和谷氨酸代谢、精氨酸和脯氨酸代谢、胰高血糖素信号通路以及 PPAR 信号通路可能参与了广灵驴肉质嫩度的调控。

为进一步了解广灵驴肉质嫩度相关的分子机制，对 HT 组和 LT 组的差异表达基因和代谢物进行相关性分析。差异表达基因跟代谢物的相关性较高，这说明造成不同肉质嫩度的差异代谢物变化跟差异表达基因的变化有关。

通过相关性分析筛选 6 条 KEGG 通路中 Spearman 相关系数大于 0.8 的差异表达基因和代谢物，发现在甘油磷脂代谢，磷酸戊糖途径，丙氨酸、天冬氨酸和谷氨酸代谢，精氨酸和脯氨酸代谢，胰高血糖素信号通路中均存在 Spearman 相关系数大于 0.8 的基因和代谢物，并解释代谢物和基因之间的相互关系。在甘油磷脂代谢通路中，上调代谢物溶血磷脂酰胆碱［18：1（9Z）］、胆碱、溶血磷脂酰胆碱（17：0）、溶血磷脂酰胆碱（18：0）与上调基因 *GPAM* 的正相关性强；上调代谢物甘油磷酸胆碱与上调基因（*GPAM*、*DGKE*）的正相关性较强；上调代谢物甘油磷酰基乙醇胺与上调基因（*PLA2G12A*、*DGKE*、*DGKH*、*GPAM*）的正相关性强。在磷酸戊糖途径中，上调代谢物 1-磷酸核糖与下调基因（*PFKM*、*PGM1*、*GPI*、*LOC106841113*、*LOC106828083*）的负相关性较强；上调代谢物 7-磷酸景天庚酮糖与下调基因（*PFKM*、*PGM1*、*GPI*）的负相关性强。在丙氨酸、天冬氨酸和谷氨酸代谢通路中，上调代谢物腺苷酸基琥珀酸和柠檬酸与上调基因 *RIMKLB* 和下调基因 *DDO* 有较强的相关性。在精氨酸和脯氨酸代谢通路中，下调代谢物肌酸与上调基因 *LOC106837908* 和下调基因 *GAMT* 的相关性强。在胰高血糖素信号通路中，上调代谢物柠檬酸与下调基因 *PRKAB2* 的负相关性强。

2.5.2　O2PLS 模型分析

本研究采用 O2PLS 法，以评估两个组学数据集之间的内在相关性。首先构建转录和代谢模型，计算每个样本的得分，然后计算每种基因和代谢物的载荷值，通过判断不同数据组中相关性和权重都比较高的变量，筛选影响另一组学的重要变量。最后选择载荷值的绝对值 top 30 的差异代谢物 / 基因。其中对转录组数据影响较大的排名前 15 的差异代谢物包括：N-异戊基甘氨酸、3-β-D-吡喃葡萄糖氧基-5-甲基异噁唑、5-（4-乙酰氧基-3-氧代-1-丁基）-2,2′-二噻吩、4-苯基硫酸乙酯、黄嘌呤、细胞松弛素、9,12-十六碳二烯基肉碱、γ-谷氨酰基 -S-甲基半胱氨酰基-β-丙氨酸、腺苷酸基琥珀酸、L-脯氨酰-L-脯氨酸、2-C-甲基杨梅素-3-鼠李糖苷-5-没食子酸酯、3-羟基癸酰基肉碱、13-L-氢过氧化亚油酸、ADP 核糖、5,7,4-三羟基-3,6,8,3′,5-五甲氧基黄酮。对代谢组数据影响较大的排名前 15 的差异基因包括：*ATP2A1*、*PPP1R1A*、*PYGM*、*ENO3*、*LOC106845760*、*MUSTN1*、*GAPDH*、*SLN*、*MYL1*、*TPM1*、*TNNI2*、*MYLPF*、*TNNT3*、*TNNC2* 和 *ALDOA*。

第三节　总　结

本试验通过对不同嫩度的广灵驴的背最长肌组织进行转录组学测序和代谢组分析，研究了不同嫩度的背最长肌中相关基因表达和代谢物积累的变化情况，并从转录组和代谢组学的视角深入地了解广灵驴肉质嫩度相关的内在分子机制。

本试验通过对 HT 组和 LT 组的差异表达基因进行分析，共发现有 1 253 个差异表达基因，其中发生上调的基因共有 832 个，下调的基因共有 421 个。GO 功能富集结果表明肌原纤维、收缩纤维、收缩纤维部分、二十碳四烯酸结合、花生四烯酸结合、细胞骨架蛋白结合、长链脂肪酸结合、Hsp70 蛋白结合、应激反应的调节、肌肉系统过程、肌肉收缩、细胞蛋白质代谢过程的负调控以及蛋白质代谢过程的负调控等多条途径参与了广灵驴肉质嫩度的调控。KEGG 通路涉及碳水化合物代谢（糖酵解 / 糖异生、磷酸戊糖途径、果糖和甘露糖代谢），脂质代谢（甘油酯代谢、甘油磷脂代谢），内分泌系统（胰高血糖素信号通路、胰岛

素信号通路、胰岛素抵抗），信号转导（HIF-1信号通路、AMPK信号通路）以及细胞过程（黏附斑激酶信号通路）等多种途径。结合数据库分析、GO功能富集以及KEGG通路富集一共筛选到17个与肉质嫩度相关的候选基因，与肌肉相关的基因有6个，包括 *ANKRD1*、*ASB2*、*BDH1*、*CRYAB*、*TNNT3*、*MYL1*；与肌内脂肪相关的基因有11个，包括 *DGAT2*、*ELOVL6*、*IGF1*、*PPARα*、*PPARγ*、*LPL*、*FABP4*、*SCD*、*GPAM*、*PCK1* 和 *HOXC10*。

本试验通过对HT组和LT组的差异代谢物进行分析，初步筛选鉴定出225个差异代谢物其中上调的有154个，下调的有71个。对差异代谢物进行KEGG通路分析，差异代谢物主要涉及碳水化合物代谢（磷酸戊糖途径，柠檬酸循环），脂质代谢（甘油磷脂代谢），氨基酸代谢（组氨酸代谢，甘氨酸、丝氨酸和苏氨酸代谢，谷胱甘肽代谢，*D*-谷氨酰胺与 *D*-谷氨酸代谢，精氨酸生物合成和丙氨酸，天冬氨酸和谷氨酸代谢），核苷酸代谢（嘌呤代谢）以及信号转导（FoxO信号通路）等多个途径。另外结合数据库注释和KEGG富集通路共筛选到43个代谢物，其中有上调的代谢物有33个，下调的代谢物有10个，这些代谢物可能与广灵驴肉质嫩度相关。这些结果有助于日后进一步探究不同肉质嫩度的分子调控机制，为广灵驴的分子育种提供了理论依据。

第五章

基于多组学探究驴肉嫩度及风味差异的分子机制

本试验以广灵驴为研究对象，以剪切力和 IMF 为表型，通过 WGCNA 技术筛选与驴肉嫩度相关基因及代谢物并进行转录组与代谢组联合分析，解析嫩度调控机制；通过可变剪接和 GSEA 筛选与嫩度相关的可变剪接基因及 KEGG 通路；通过 SPME-GC-MS 技术检测不同嫩度驴肉背最长肌挥发性物质的差异，并结合多元统计方法筛选与嫩度相关的关键差异风味物质，之后基于皮尔森相关系数与转录组及代谢组联合分析解析风味调控机制。本研究旨在探究不同嫩度风味差异，从分子水平上解析嫩度及风味的调控机制，为改善驴肉品质，解析风味差异的分子机制奠定了基础，为广灵驴肉质嫩度和风味的分子改良和分子育种提供了理论依据。

第一节　基于 WGCNA 技术整合转录组及代谢组研究驴肉嫩度分子调控网络

1.1　材料与方法

1.1.1　试验材料

试验动物为广灵驴，从山西省忻州市繁峙县田源毛驴养殖科技发展有限公司获取。转录组及代谢组数据来源于课题组前期对高、低肌内脂肪（每组 3 个样本，24 月龄）以及高、低嫩度（每组 4 个样本，36 月龄）的广灵驴背最长肌进行的测序，总共 14 个样本，以 FPKM 表示基因的表达量。

1.1.2　试验方法

1.1.2.1　剪切力及肌内脂肪含量测定

剪切力测定：参照 NY/T 1180—2006《肉嫩度的测定　剪切力测定法》测定驴肉剪切力。在 80℃水浴锅加热驴肉肉样，待肉样中心达到 70℃后冷却放置，利用肌肉嫩度仪测定肉样的剪切力，每个样本 3 次重复。

肌内脂肪含量测定：参照 GB 5009.6—2016《食品安全国家标准　食品中脂肪的测定》测定广灵驴背最长肌的肌内脂肪含量。利用索氏抽提仪提取驴肉肌内脂肪，溶剂为石油醚，每个样本 3 次重复。

1.1.2.2 基因共表达网络的构建

利用 R 4.1.0 软件中的 WGCNA 1.7.0 包将 14 个样本的所有表达数据进行基因共表达网络分析。利用 pickSoftThreshold 函数计算最佳软阈值，选取无尺度网络拟合指数 $R^2 > 0.8$ 时 power 值最小的数为最佳 power 值。利用 WGCNA 包中的 blockwiseModules 函数构建共表达矩阵，相似模块合并阈值为 0.25（mergeCutHeight = 0.25），TOM 类型为 unsigned，deepSplit = 1，每个模块内的最小基因数设置为 30（minModuleSize = 30），其他参数按照默认设置。

1.1.2.3 目标模块的筛选

对模块内的基因进行 PCA 分析，将主成分 1 作为模块特征向量（Module Eigengenes，MEs）。为筛选出与 IMF 和剪切力密切相关的模块，计算 MEs 与 IMF 和剪切力之间的相关系数 r 以及相应 P。选择 $|r| \geqslant 0.5$ 且 $P \leqslant 0.05$ 模块作为特异性模块进行后续分析。

1.1.2.4 模块基因的 GO、KEGG 富集分析

应用 R 软件中的 topGO 2.40.4 包对特异性模块基因进行 GO（Gene Ontology）富集分析，当 $P < 0.05$ 时认为该 GO 条目显著富集。运用 Cluster Profiler 3.16.1 包进行 KEGG 富集分析，当 $P < 0.05$ 时认为该信号通路的富集具有显著性。

1.1.2.5 目标模块基因互作网络构建及 Hub 基因筛选

通过计算基因与表型性状的相关系数绝对值 GS（Gene significance）以及基因与其所在模块特征向量间的相关性 MM（Module membership）值筛选与表型密切相关的基因。利用 softConnectivity 函数筛选连通性前 30 的基因，并用 Cytoscape 3.7.2 进行基因互作网络展示。利用 Cytoscape 软件中的 CytoHubbs 插件筛选关键 Hub 基因，选取 MCC 值前 10 的基因进行展示。

1.1.2.6 代谢组 WGCNA 分析

代谢物共表达网络的构建及目标模块的筛选同本章 1.2.2、1.2.3。使用美吉云平台（https://cloud.majorbio.com/）的自建数据库对目标模块内的代谢物进行 HMDB 化合物分类和 KEGG 富集分析。目标模块内代谢物互作网络构建及 Hub 代谢物筛选同本章 1.1.2.5。

1.1.2.7 转录组代谢组联合分析

利用 KEGG 数据库对目标基因进行共富集分析，通过 Cytoscape 3.7.2 软件

中的 MetScape 预测联合通路中基因与代谢物互作网络图。然后用 R 语言 cor 程序计算基因和代谢物的 Pearson 相关系数，绘制相关性聚类热图并结合相关系数筛选出大于 0.5 的基因和代谢物构建转录-代谢物网络。利用 O2PLS 挖掘模块基因与代谢物之间的关系。

1.2　结果与分析

1.2.1　剪切力和肌内脂肪含量测定结果

14 个广灵驴背最长肌肌内脂肪含量和剪切力值如表 5-1 所示。

表 5-1　广灵驴驴肉剪切力和肌内脂肪含量

序号	肌内脂肪含量（%）	剪切力（kg）	序号	肌内脂肪含量（%）	剪切力（kg）
1	9.00	2.47	8	2.23	8.87
2	8.94	2.52	9	2.70	9.03
3	8.08	3.82	10	2.97	9.56
4	8.30	3.41	11	2.69	9.10
5	8.81	3.40	12	2.78	8.31
6	8.02	4.06	13	3.37	8.20
7	8.72	2.36	14	2.42	8.80

1.2.2　WGCNA 筛选嫩度候选基因

1.2.2.1　基因共表达网络构建

通过软阈值选择最佳 β 值，当 power 值为 5 时，无尺度网络拟合指数 $R^2 >$ 0.8。每个模块的详细基因数目，其中 Turquoise 模块内的基因数目最多，共 5 362 个，White 模块内的基因数目最少，为 34 个，其他模块数目为 43～2 779 个。

1.2.2.2　模块基因 GO 富集分析

笔者对 Greenyellow、Darkgrey 以及 Darkgreen 3 个模块进行 GO 功能富集分析，3 个模块均在生物过程（Biological process，BP），细胞组分（Cellular component，CC）和分子功能（Molecular function，MF）中得到显著富集。

Greenyellow 模块显著富集到 262 个生物过程、37 个细胞组分、53 个分子功能，主要在甘油磷脂的生物合成（GO: 0046474）、脂质氧化（GO: 0034440）、脂肪酸 β-氧化（GO: 0006635）、脂肪酸连接酶活性（GO: 0015645）、脂肪酸结合（GO: 0005504）等上富集。Darkgrey 模块显著富集到 93 个生物过程、20 个细胞组分、30 个分子功能，主要在羧酸生物合成过程（GO: 0046394）、脂肪酸生物合成过程（GO: 0006633）、G 蛋白偶联受体活性（GO: 0004930）、蛋白磷酸酶抑制剂活性（GO: 0004864）、ATP 酶调节活性（GO: 0060590）等上富集。Darkgreen 模块显著富集到 105 个生物过程、28 个细胞组分、21 个分子功能，主要在肌管分化（GO: 0014902）、细胞大分子分解代谢过程（GO: 0044265）、肌肉器官发育（GO: 0007517）、横纹肌组织发育（GO: 0014706）、肌肉细胞迁移（GO: 0014812）、肌动蛋白丝结合（GO: 0051015）、细胞骨架蛋白结合（GO: 0008092）、钙离子结合（GO: 0005509）等上富集。

1.2.2.3　模块基因 KEGG 通路富集分析

对三个模块进行 KEGG 富集分析。Greenyellow 模块共富集到 267 条通路，其中 40 条通路显著富集（$P < 0.05$），主要有 HF-1 信号通路、精氨酸和脯氨酸代谢、Wnt 信号通路、碳水化合物消化吸收、脂肪酸代谢及花生四烯酸代谢等。Darkgrey 模块富集到的通路主要有视黄醇代谢、牛磺酸和低牛磺酸代谢、丙氨酸、天冬氨酸和谷氨酸代谢以及脂肪酸降解等。Darkgreen 模块富集的通路主要有 JAK-STAT 信号通路、脂肪细胞因子信号通路、cAMP 信号通路、FoxO 信号通路、MAPK 信号通路、血管平滑肌收缩等。

1.2.3　WGCNA 筛选嫩度候选代谢物

利用 pickSoftThreshold 函数筛选合适的软阈值，当 power 值为 14 时，$R^2 > 0.85$，层次聚类后共构建 28 个模块。各模块的代谢物数目，其中 Turquoise 模块内的代谢物数目最多，共 2 238 个，White 模块内的代谢物最少，为 34 个，其他模块为 45～1 808 个。

1.2.4　转录组代谢组联合分析

为探究驴肉嫩度的分子调控机制，本研究基于 KEGG 通路分析，皮尔森相关性分析以及 O2PLS 模型分析对 WGCNA 获得的关键模块内相应转录组和代谢组数据进行整合分析。

第二节　不同嫩度背最长肌转录组可变剪接及 GSEA 分析

2.1　材料与方法

2.1.1　试验材料

材料来源同本章第一节的 1.1。可变剪接分析数据是前期课题组对高、低嫩度广灵驴背最长肌的转录组测序数据，共 8 个样本，分成高嫩度组（HTE，$n = 4$）和低嫩度组（LTE，$n = 4$）。GSEA 分析数据来源于第二章中的 14 个转录组样本数据。

2.1.2　剪切力及肌内脂肪含量的测定

同本章第一节的 1.2.1。

2.1.3　可变剪接事件鉴定以及富集分析

使用 rMATS 软件分析了不同嫩度驴背最长肌组织中的可变剪接事件，并对可变剪接事件进行了分类和统计，使用 JC（Junction count only）法进行可变剪接事件的表达定量。用似然比检验（likelihood-ratio test）计算 P，再用 Benjamini hochberg 方法对 P 进行多重假设检验校正得到 FDR，采用 FDR＜0.05 作为标准来筛选差异剪接基因。应用 topGO（2.40.4）软件对差异剪接基因进行 GO 富集分析，当 P＜0.05 时认为该 GO 条目显著富集。运用 Cluster Profiler（3.16.1）软件进行 KEGG 富集分析，当 P＜0.05 时认为该信号通路的富集具有显著性。

2.1.4　GSEA 分析

利用 GSEA 4.1.0 软件对 14 个转录组样本数据进行 GSEA 富集分析，以美吉云平台（http://cloud.majorbio.com/）获得的 GO、KEGG 富集文件作为功能基因集文件。参数设置为"No_Collapse"、Number of permutations（模拟次数）设置为"1000"、Permutation type（模拟类型）设置为"gene_set"。以 NES（校正富集分数）值和 NOM P 为参考筛选富集通路。

2.2 结果与分析

2.2.1 广灵驴剪切力和肌内脂肪含量的测定

高嫩度组（HT，$n = 4$）和低嫩度组（LT，$n = 4$）的广灵驴肌内脂肪含量和剪切力值如表 5-2 所示，LT 组与 HT 组差异极显著（$P < 0.000\,1$）。

表 5-2　广灵驴驴肉描述性统计

项目	群体		P
	LT 组（$n = 4$）	HT 组（$n = 4$）	
剪切力（kgf）	8.79 ± 0.65	3.67 ± 0.32	＜ 0.000 1
肌内脂肪含量（%）	2.95 ± 0.30	8.30 ± 0.35	＜ 0.000 1

2.2.2 可变剪接分析

2.2.2.1 可变剪接事件的鉴定

rMATS 可识别的可变剪接事件有 5 种：外显子跳跃（skipped exon，SE）、互斥外显子（mutually exclusive，MXE）、内含子保留（retained intron，RI）、5′端可变剪接（alternative 5′ splice site，A5SS）、3′端可变剪接（alternative 3′ splice site，A3SS）。本研究分析了不同嫩度广灵驴背最长肌组织的 5 种可变剪接方式。各样本中可变剪接事件数目分布，其中外显子跳跃占鉴定到的可变剪接事件最多，达到 72.84%～73.19%，内含子保留事件最少，仅占 1.84%～2.01%。

2.2.2.2 背最长肌组织的差异可变剪接基因鉴定

对 rMATS 软件分析结果以 FDR＜0.05 为标准进行差异筛选，共筛选到 2 744 个显著差异可变剪接事件，1 651 个可变剪接基因。在 A3SS、A5SS、MXE、RI、SE 事件中鉴定到的差异剪接事件数分别为 293、195、548、61、1 647，差异剪接基因分别为 274、181、276、54、1 193。差异剪接事件及差异剪接基因中 SE 事件的占比最高，RI 的占比最少。各剪接类型中可变剪接事件发生外显子包含（exon inclusion）与外显子排斥（exon exclusion）的数目，在 SE 事件中，发生外显子排斥的情况多于外显子包含。

2.2.2.3　AS 基因的 GO 功能富集分析

运用 topGO 软件对差异显著的 1 651 个 AS 基因进行 GO 功能富集分析。AS 基因在 BP、CC、MF 中分别显著富集了 415、61、113 个 GO terms（$P<0.05$），选取每个分类中富集显著性前 10 的 Term。BP 主要富集到泛素依赖的蛋白质分解代谢过程（GO：0006511）、横纹肌的正向调节（GO：0051155）、脂肪酸氧化（GO：0019395）、骨骼肌适应性的调节（GO：0014733）、脂质分解代谢过程（GO：0016042）、肌原纤维集组装（GO：0030239）等。CC 主要富集到剪接体复合物（GO：0005681）、肌动蛋白细胞骨架（GO：0015629）、骨骼肌肌原纤维（GO：0098723）、胰岛素反应性隔室（GO：0032593）等。MF 主要富集在水解酶活性（GO：0016787）、肌动蛋白结合（GO：0003779）、钙调蛋白结合（GO：0005516）、脂肪酶活性（GO：0016298）、溶血磷脂酶活性（GO：0004622）、肌肉的结构成分（GO：0008307）等。

2.2.2.4　AS 基因的 KEGG 通路富集分析

通过 R 语言中的 Cluster Profiler 包对 1 651 个可变剪接基因进行 KEGG 通路富集分析，结果发现 AS 基因富集到 323 条通路中，其中 13 条通路显著富集（$P<0.05$）。在显著富集的代谢通路中有 7 条与嫩度相关，如胰高血糖素信号通路、AMPK 信号通路、甘油磷脂代谢、泛素介导的蛋白水解、胰岛素抵抗、果糖和甘露糖代谢以及丙酸代谢。

2.2.3　GSEA 分析

利用 GSEA 软件对 14 个样本 20 119 个基因进行 GSEA 分析，根据 IMF 含量和剪切力分为两组，高 IMF 和低剪切力为高嫩度组，反之低嫩度组，每组 7 个样本。以 KEGG 基因集为分类标准，高嫩度组显著富集到脂肪酸降解、甘油酯代谢、脂肪酸延伸、不饱和脂肪酸的生物合成、泛素介导的蛋白水解；低嫩度组主要富集到戊糖磷酸盐途径以及蛋白质消化和吸收等。以 GO 基因集为分类标准，高嫩度组显著富集到蛋白磷酸酶调节剂活性、骨骼肌纤维发育、脂肪酸 β-氧化、脂质结合、经典 WNT 信号通路的正调控、鞘脂合成过程；低嫩度组主要富集到肌球蛋白复合物、胰岛素分泌的调节以及钙调蛋白结合等。

第三节　基于 HS-SPME-GC-MS 技术和多元统计方法分析不同嫩度驴肉挥发性风味物质差异及调控机制

3.1　材料与方法

3.1.1　试验材料

试验材料同本章 2.1，分为高、低嫩度两组，共 8 个样本，分成高嫩度组（HTE，$n=4$）和低嫩度组（LTE，$n=4$）。

3.1.2　试验方法

3.1.2.1　试验分组

根据高、低嫩度转录组测序样本所对应的驴肉为试验样本，该样本根据背最长肌驴肉的剪切力和肌内脂肪含量进行综合分析，分成高、低嫩度两个组，每个组 4 个样本。测定 8 个样本的挥发性物质，每个样本 3 次重复。

3.1.2.2　样品制备

将冷冻驴肉取出，去除结缔组织后迅速搅拌成肉糜，将 3 g 肉糜装入 20 mL 的顶空瓶内，加入 3 mL 质量分数 20% 的氯化钠溶液，混合均匀。在顶空瓶内加入 2 μL 溶剂为甲醇的邻二氯苯内标，内标浓度为 1.306 mg/mL。

3.1.2.3　SPME-GC-MS 条件

SPME 条件：将含有肉糜的顶空瓶在 90℃ 恒温孵化炉中持续加热 15 min，之后将活化好的萃取头直接插入萃取瓶上空，90℃ 吸附 30 min 后插入 GC 进样口，解吸附 5 min，之后进行 GC-MS 分析。

GC 条件：进样口温度 250℃；进样模式为不分流；进样时间 1 min；载气（He）流速 1 mL/min；柱温箱升温程序：40℃ 保存 2 min，随之从 8℃ /min 升到 160℃，最后从 5℃ /min 升到 230℃，持续 4 min。

MS 条件：电子电离源；电子能量 70 eV；离子源温度 230℃；接口温度 250℃；质量扫描范围 40~400 *m/z*。

3.1.2.4　定性定量分析

定性分析：得到的总离子流图后经系统检索及 NIST 质谱图对比后确定挥发性物质成分。

定量分析：采用内标法半定量分析，按照以下公式计算风味化合物的相对含量，邻二氯苯为内标。

$$C_i = \frac{s_i}{s_A} \times C_A \times \frac{V_i}{m_s} \times n_{o/i}$$

式中：C_i 为待检测化合物的含量（μg/g）；S_i 为邻二氯苯的质量浓度（μg/mL）；C_A 为待检测化合物的峰面积；S_A 为邻二氯苯的峰面积；V_i 为萃取液的体积（mL）；$n_{o/i}$ 为混合液中邻二氯苯体积与 V_i 之比；m_s 为前处理前样品的质量（g）。

3.1.2.5　OAV 计算

按以下公式计算香气活性值 OAV：

$$OAV = \frac{C_i}{OT_i}$$

式中：C_i 为化合物的含量（μg/g）；OT_i 为该化合物在水中的阈值（mg/kg）。

3.1.3　数据分析

利用 SIMCA（14.1）软件进行 PCA 及 OPLS-DA 分析。KEGG 富集分析和相关性分析同本章第一节的 1.1.2.4 和 1.1.2.7。

3.2　结果与分析

3.2.1　驴肉挥发性风味物质的 GC-MS 结果分析

利用 SPME-GC-MS 法检测驴肉挥发性物质，结果如图 5-1 和表 5-3 所示，共鉴定出 41 种物质，包括醇类 6 种、醛类 22 种、烃类 7 种、酮类 3 种、酯类 1 种以及其他 2 种。其中含量最高的是醛类（3.69 μg/g），其次是醇类（0.55 μg/g）、酮类（0.25 μg/g）、其他（0.13 μg/g）、烃类（0.11 μg/g）、酯类（0.01 μg/g）。

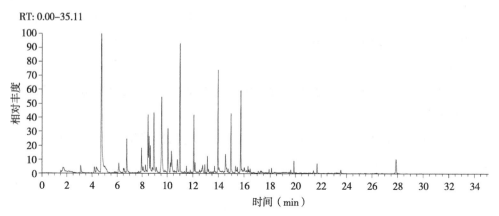

RT: 0.00–35.11

图 5-1　SPME 萃取驴肉中挥发性风味物质的总离子流图

表 5-3　广灵驴挥发性风味物质定性定量结果

化合物种类	序号	保留时间（min）	化合物名称	分子式	CAS	含量（µg/g）
醇类（6种）	A1	4.16	1-戊醇	$C_5H_{12}O$	71-41-0	0.05
	A2	6.13	1-己醇	$C_6H_{14}O$	111-27-3	0.04
	A3	8.25	1-庚醇	$C_7H_{16}O$	111-70-6	0.03
	A4	8.45	1-辛烯-3-醇	$C_8H_{16}O$	3391-86-4	0.25
	A5	10.33	1-辛醇	$C_8H_{18}O$	111-87-5	0.14
	A6	15.32	4,4,6-三甲基-2-环己烯-1-醇	$C_9H_{16}O$	21592-95-0	0.04
			总量			0.55
醛类（22种）	B1	3.08	戊醛	$C_5H_{10}O$	110-62-3	0.04
	B2	4.70	己醛	$C_6H_{12}O$	66-25-1	0.97
	B3	5.77	2-己烯醛	$C_6H_{10}O$	6728-26-3	0.01
	B4	6.76	庚醛	$C_7H_{14}O$	111-71-7	0.13
	B5	7.93	(Z)-2-庚烯醛	$C_7H_{12}O$	57266-86-1	0.09
	B6	8.05	苯甲醛	C_7H_6O	100-52-7	0.05
	B7	8.91	辛醛	$C_8H_{16}O$	124-13-0	0.24
	B8	9.10	(E,E)-2,4-庚二烯醛	$C_7H_{10}O$	4313-03-5	0.01
	B9	10.05	(E)-2-辛烯醛	$C_8H_{14}O$	2548-87-0	0.19
	B10	10.99	壬醛	$C_9H_{18}O$	124-19-6	0.56
	B11	12.05	(E)-2-壬烯醛	$C_9H_{16}O$	18829-56-6	0.20

（续）

化合物种类	序号	保留时间（min）	化合物名称	分子式	CAS	含量（μg/g）
醛类（22种）	B12	12.75	(Z)-4-癸烯醛	$C_{10}H_{18}O$	21662-09-9	0.06
	B13	12.9	癸醛	$C_{10}H_{20}O$	112-31-2	0.03
	B14	13.12	(E,E)-2,4-壬二烯醛	$C_9H_{14}O$	5910-87-2	0.06
	B15	13.95	(Z)-2-癸烯醛	$C_{10}H_{18}O$	2497-25-8	0.37
	B16	14.73	十一醛	$C_{11}H_{22}O$	112-44-7	0.01
	B17	14.95	2,4-癸二烯醛	$C_{10}H_{16}O$	2363-88-4	0.19
	B18	15.72	2-十一烯醛	$C_{11}H_{20}O$	2463-77-6	0.31
	B19	16.46	月桂醛	$C_{12}H_{24}O$	112-54-9	0.02
	B20	18.12	十三醛	$C_{13}H_{26}O$	10486-19-8	0.02
	B21	19.85	肉豆蔻醛	$C_{14}H_{28}O$	124-25-4	0.06
	B22	21.66	十五碳醛	$C_{15}H_{30}O$	2765-11-9	0.07
			总量			3.69
烃类（7种）	C1	5.88	乙苯	C_8H_{10}	100-41-4	0.01
	C2	16.01	(Z)-4,5-环氧-(E)-2-癸烯	$C_{10}H_{16}O_2$	NA	0.02
	C3	16.29	十四烷	$C_{14}H_3O$	629-59-4	0.02
	C4	17.92	十五烷	$C_{15}H_{32}$	629-62-9	0.02
	C5	18.97	2-甲基十五烷	$C_{16}H_{34}$	1560-93-6	0.01
	C6	19.62	十六烷	$C_{16}H_{34}$	544-76-3	0.02
	C7	21.40	十九烷	$C_{19}H_{40}$	629-92-5	0.02
			总量			0.11
酮类（3种）	D1	6.51	2-庚酮	$C_7H_{14}O$	110-43-0	0.03
	D2	8.53	3,4-环氧-3-乙基-2-丁酮	$C_6H_{10}O_2$	17257-82-8	0.21
	D3	17.07	香叶基丙酮	$C_{13}H_{22}O$	689-67-8	0.01
			总量			0.25
酯类（1种）	E1	9.49	月桂酸乙酯	$C_{14}H_{28}O_2$	106-33-2	0.01
其他（2种）	F1	1.76	亚硝基甲烷	CH_3NO	865-40-7	0.05
	F2	8.62	2-正戊基呋喃	$C_9H_{14}O$	3777-69-3	0.08
			总量			0.13

3.2.2 驴肉挥发性风味物质 OAV 分析

本研究利用 OAV>1 筛选广灵驴背最长肌关键风味物质,OAV 越大表示对驴肉的总体风味贡献最大。结果如表 5-4 所示,在检测出的 41 种物质中有 13 种风味化合物 OAV 大于 1,包括 2 种醇类物质,10 种醛类物质,1 种其他物质(2-正戊基呋喃)。其中醛类物质含量最多且 OAV 最大,说明醛类是广灵驴背最长肌的关键风味物质。

表 5-4   OAV 确定驴肉中的关键风味物质

序号	化合物名称	阈值(μg/g)	OAV	序号	化合物名称	阈值(μg/g)	OAV
A4	1-辛烯-3-醇	0.007	35.60	B13	癸醛	0.005	5.40
A5	1-辛醇	0.054	2.59	B14	(E,E)-2,4-壬二烯醛	0.000 06	979.45
B2	己醛	0.2	4.84				
B4	庚醛	0.01	13.27	B15	(Z)-2-癸烯醛	0.1	3.74
B7	辛醛	0.000 7	348.88	B19	月桂醛	0.001 07	18.14
B10	壬醛	0.003 5	158.70	B21	肉豆蔻醛	0.06	1.01
B11	(E)-2-壬烯醛	0.000 065	3 142.90	F2	2-正戊基呋喃	0.004 8	15.86

3.2.3 不同嫩度背最长肌挥发性风味的多元统计分析

3.2.3.1 挥发性物质 PCA 分析

PCA 是已做在无监督模式下进行的多元统计分析,利用 SIMCA 软件对不同嫩度背最长肌的广灵驴的挥发性物质进行 PCA 分析,结果如图 5-2 所示。结果发现 $R^2X = 0.826>0.5$、$Q^2 = 0.752>0.5$,说明模型拟合准确性和预测能力较好。从图 5-2 中可以看出所有样本均在 95% 的置信区间内,有一个高嫩度样本处于低嫩度样本之间,因此从无监督的 PCA 分析中无法完全区分高、低嫩度背最长肌的挥发性物质,还需进行有监督的 OPLS-DA 分析。

3.2.3.2 挥发性物质 OPLS-DA 分析

由图 5-3a 可知 OPLS-DA 模型将高、低嫩度的样本区分开来,且拟合模型预测成分的累计统计量 $R^2X = 0.925$、模型解释率参数 $R^2Y = 0.984$、预测能力参数 $Q^2 = 0.922$，均高于 0.5，说明 OPLS-DA 模型对驴肉挥发性物质分析具有很好的预测能力。此外本研究还进行 OPLS-DA 模型验证（置换检验 $n = 200$），发现 $R^2 = 0.675$、$Q^2 = -1.39$，右侧的 R^2 和 Q^2 均高于左侧，且 Q^2 与 y 轴交于负半轴，说明该模型可靠不存在过拟合现象。

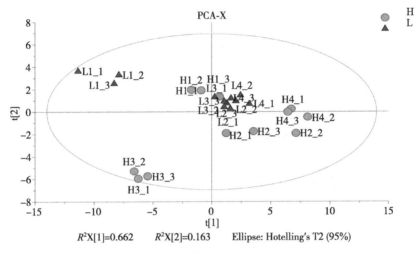

图 5-2 不同嫩度驴肉挥发性风味物质 PCA 分析图

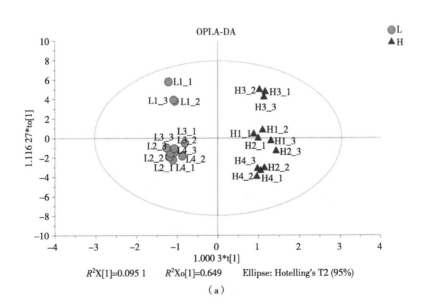

（a）

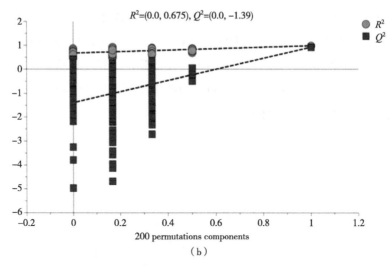

图 5-3　不同嫩度驴肉挥发性风味物质 OPLS-DA（a）和置换检验图（b）

3.2.3.3　VIP 筛选差异风味物质

VIP 可以反映风味物质对模型分类的贡献程度，将 VIP＞1 作为筛选差异风味物质的标准。各挥发性风味物质的 VIP 如图 5-4 所示，其中共有 19 个物质的 VIP 大于 1，包括醇类 4 个、醛类 5 个、烃类 7 个、酮类 2 个、酯类 1 个（表 5-5）。

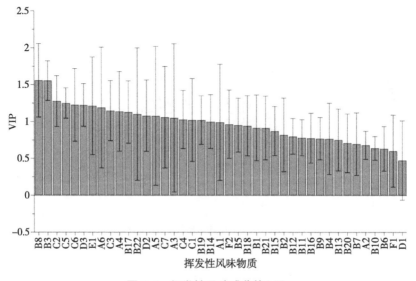

图 5-4　挥发性风味成分的 VIP

表 5-5　广灵驴挥发性物质 VIP 得分

序号	化合物名称	VIP	序号	化合物名称	VIP
B8	(*E,E*)-2,4-庚二烯醛	1.558 33	B17	2,4-癸二烯醛	1.129 34
B3	2-己烯醛	1.555 46	B22	十五碳醛	1.102 31
C2	(*Z*)-4,5-环氧-(*E*)-2-癸烯	1.278 36	D2	3,4-环氧-3-乙基-2-2丁酮	1.079 71
C5	2-甲基十五烷	1.250 47	A5	1-辛醇	1.078 06
C6	十六烷	1.227 41	C7	十九烷	1.059 87
D3	香叶基丙酮	1.224 8	A3	1-庚醇	1.050 65
E1	月桂酸乙酯	1.213 84	C4	十五烷	1.028 16
A6	4,4,6-三甲基-2-环己烯-1-醇	1.190 7	C1	乙苯	1.021 54
C3	十四烷	1.148 79	B19	月桂醛	1.020 42
A4	1-辛烯-3-醇	1.138 43			

3.2.4　关键风味物质的筛选

结合多元统计分析结果中的 VIP 以及气味活性值 OAV 筛选关键风味物质。基于 VIP＞1 以及 OAV＞1 总共筛选出 3 种挥发性物质，即 1-辛烯-3-醇（A4）、1-辛醇（A5）以及月桂醛（B19），此 3 种物质既是嫩度的关键差异物质又是对驴肉风味贡献度大的物质。

第四节　总　结

本研究利用 WGCNA 技术筛选与嫩度相关的候选基因及代谢物，之后进行联合 KEGG 共富集分析探究驴肉嫩度调控机制。利用可变剪接及 GSEA 对不同嫩度背最长肌转录组数据进行分析，利用 SPME-GC-MS 和多元统计分析不同嫩度驴肉的风味差异，结合 Pearson 相关性解析风味调控机制。具体结论如下：

（1）利用 WGCNA 技术筛选到 3 个关键基因模块（Greenyellow、Darkgrey以及 Darkgreen）、2 个关键代谢物模块（Brown、Yellow）。3 个模块内基因主要在甘油磷脂的生物合成、脂质氧化、脂肪酸 β-氧化、G 蛋白偶联受体活性、细胞大分子分解代谢过程、肌肉器官发育、肌动蛋白丝结合、钙离子结合等 GO 上富集。KEGG 富集发现各模块内的基因及代谢物主要富集在精氨酸和脯氨酸代谢、Wnt 信号通路、脂肪酸代谢、蛋白质消化吸收、FoxO 信号通路、TCA 循环、胰高血糖素信号通路、甘油磷脂代谢、嘌呤代谢、β-丙氨酸代谢等通路上。cytoHubbs 筛选出 *EPX*、*FOXO6*、*MARK1*、*TMEM65*、*ADH4* 以及 L-酪氨酸、腺嘌呤、腺苷酸基琥珀酸、肌肽、尿烷酸等是各模块内的 Hub 基因及代谢物。联合分析表明丙氨酸，天冬氨酸和谷氨酸代谢、精氨酸和脯氨酸代谢、β-丙氨酸代谢以及 PPAR 信号通路可能调控了驴肉嫩度。

（2）对不同嫩度广灵驴背最长肌进行可变剪接分析，发现外显子跳跃最常见的剪接方式。对可变剪接基因进行富集分析，发现在 GO 上主要富集在泛素依赖的蛋白质分解代谢过程、横纹肌的正向调节、脂肪酸氧化、脂质分解代谢等。KEGG 富集分析表明，基因可能在胰高血糖素信号通路、AMPK 信号通路、甘油磷脂代谢、泛素介导的蛋白水解、胰岛素抵抗、果糖和甘露糖代谢以及丙酸代谢 7 条代谢通路上发生可变剪接进而影响嫩度。对高、低嫩度的转录组数据进行 GSEA 分析，高嫩度组主要富集到脂肪酸降解、甘油酯代谢、脂肪酸延伸、不饱和脂肪酸的生物合成、泛素介导的蛋白水解；低嫩度组主要富集到戊糖磷酸盐途径以及蛋白质消化和吸收等，这些通路是对嫩度调控机制研究的有效补充。

（3）利用 SPME-GC-MS 技术和 OAV 筛选发现醛类是驴肉风味的主要贡献者和关键物质。利用 VIP＞1 和 OAV＞1 筛选出 1-辛烯-3-醇、1-辛醇以及月桂醛既是嫩度的差异物质又是对驴肉风味有贡献的关键风味物质。利用 Pearson 相关系数筛选与关键风味相关的基因并对其进行 KEGG 富集分析，发现 1-辛烯-3-醇相关基因主要富集在糖酵解 / 糖异生、氨基酸生物合成、胰高血糖素信号通路、果糖和甘露糖代谢、MAPK 信号通路等。1-辛醇相关基因主要富集在胰岛素信号通路、丁酸代谢、2 型糖尿病、缬氨酸，亮氨酸和异亮氨酸降解、脂肪细胞因子信号通路等。月桂醛相关基因主要富集在糖酵解 / 糖异生、次生代谢物的生物合成、氨基酸生物合成、HIF-1 信号通路、胰高血糖素信号通路、胰岛素信号通路、果糖和甘露糖代谢、戊糖磷酸途径，这些通路可能参与了驴肉关键风味 1-辛烯-3-醇、1-辛醇以及月桂醛的形成。

本研究结果探究了广灵驴嫩度调控机制，检测了不同嫩度驴肉风味物质的差异，解析了关键风味的调控机制，为今后广灵驴肉质嫩度和风味的分子改良和分子育种提供理论基础。

第六章

多组学关联分析品种差异对
驴肉肉质性状及风味的影响

广灵驴和晋南驴是山西的两种大型驴，探究两品种间的肌肉调控差异有利于从遗传分子生物的角度解析驴肉肉质形成过程的重要调控通路和关键调控因子。本研究以肌内脂肪和嫩度两种肉质性状为表型数据，利用转录组与代谢组学测序数据分别寻找出品种间的差异基因和代谢物；同时，结合 HS-SPME-GC-MS 技术检测驴肉品种差异中的风味化合物，通过 OAV 筛选对驴肉风味具有重要贡献的物质，联合分析转录组与代谢组数据，有助于整合分析出与驴肉肉质相关的重要调控物质。

第一节　两品种驴肉背最长肌的肉品质指标比较分析

1.1　试验材料与方法

1.1.1　试验动物的样本采集

本研究中肌内脂肪测定、剪切力测定、风味挥发性物质检测均选用身体健壮、体型相近的 36 月龄的雌性广灵驴（GL）和晋南驴（JN）背最长肌组织为样本，样本数各 6 头。广灵驴选自山西省忻州市繁峙县田园毛驴养殖公司，晋南驴选自山西省侯马市曲沃县晋合泰农副产品有限公司。动物屠宰前经过了 24 h 禁食和 2 h 禁水处理，后放血屠宰采集动物背最长肌部位，利用液氮低温保存运回后放置 4℃冰箱中排酸 24 h 即可进行后续的肉质指标测定。

1.1.2　研究方法

剪切力及肌内脂肪的测定方法均参照 NY/T 1180—2006《肉嫩度的测定剪切力测定法》和 GB 5009.6—2016《食品安全国家标准　食品中脂肪的测定》进行。驴肉风味挥发性物质的测定 HS-SPME-GC-MS 技术检测驴肉品种差异中的风味化合物。

数据统计分析：样本分组间的剪切力大小、肌内脂肪含量以及关键风味物质的 OAV 均值标准误（Standard error of mean，SEM）通过 SPSS 21.0 计算得到，

GraphPad Prism 8.3 处理分析挥发性物质间的显著性差异情况。

1.2 数据结果与分析

1.2.1 肉品质指标统计结果

1.2.1.1 剪切力与肌内脂肪测定结果

广灵驴和晋南驴中测定的肉质指标结果如表 6-1 所示，结果可见，广灵驴背最长肌中 IMF 含量略高于晋南驴，剪切力较小，说明广灵驴的肉质较嫩，符合 IMF 性状与剪切力呈负相关的特性。尽管两个品种之间的指标测定结果显示广灵驴的肉质呈现更好，但二者之间并未展示出具有显著性差异，二者结果差异不大。

表 6-1　广灵驴与晋南驴的肉用指标测定结果

肉用指标	品种	
	GL 组（$n=6$）	JN 组（$n=6$）
剪切力（kg）	5.92 ± 1.97a	5.97 ± 1.33a
肌内脂肪（%）	5.43 ± 0.29a	5.00 ± 0.01a

1.2.1.2 驴肉挥发性物质的定性与定量结果

试验结果显示，两品种驴肉共有的挥发性风味化合物有 24 种，包含醇、醛、烃、杂环化合物、羧酸 5 大类以及 1 种其他化合物，其中醛类物质数量最多，共 13 种。就化合物含量而言，GL 组与 JN 组之间仅有壬醛的含量存在显著性差异（$P<0.05$），该物质 GL 组含量显著高于 JN 组，其余挥发性物质含量并无显著性差异；另外，在这 24 种化合物当中，GL 组与 JN 组中的正己醛、壬醛的含量显著高于其他物质（$P<0.05$）。综合分析，醛类是驴肉中主要的挥发性物质成分（表 6-2）。

1.2.1.3 关键挥发性物质的确定

经查阅各自在其他介质中的阈值大小计算得到相应的 OAV。OAV≥1，即表示该物质对驴肉整体气味具有直接影响。同时，比较两组间的 OAV 显著性差异，确定受驴肉品种差异影响的关键风味化合物。结果表明，存在 8 种驴肉关键风味化合物，其中庚醛和 2-戊基呋喃仅在 GL 组中的 OAV>1。庚醛、正辛醛、壬醛的 OAV 在 GL 组中显著高于 JN 组（$P<0.05$），月桂醛的 OAV 在 JN 组中显著高于 GL 组（$P<0.05$）。综合考虑，庚醛仅对广灵驴肉的气味风味具有重要贡献且 OAV 显著强于晋南驴，其可能是造成驴肉品种风味差异的重要物质（表 6-3）。

表 6-2　驴肉中的风味物质检测结果

化合物种类	保留时间（min）	挥发性化合物名称	化合物含量（μg/g）	
			GL 组（$n=6$）	JN 组（$n=6$）
醇类	1.78	2-氨基乙醇	0.016 ± 0.02Aa	0.010 ± 0.07Aa
	4.20	正戊醇	0.001 ± 0.04Aa	0.001 ± 0.06Aa
	6.17	正己醇	0.001 ± 0.02Aa	0.001 ± 0.02Aa
	8.44	蘑菇醇	0.005 ± 0.02Aa	0.006 ± 0.04Aa
醛类	3.10	正戊醛	0.002 ± 0.06Aa	0.001 ± 0.01Aa
	4.72	正己醛	0.065 ± 0.03Ab	0.037 ± 0.02Ab
	6.78	庚醛	0.005 ± 0.01Aa	0.002 ± 0.02Aa
	8.00	2-庚烯醛	0.001 ± 0.02Aa	0.002 ± 0.05Aa
	8.91	正辛醛	0.012 ± 0.05Aa	0.004 ± 0.04Aa
	10.97	壬醛	0.068 ± 0.03Ab	0.019 ± 0.02Bb
	12.13	(E)-2-壬烯醛	0.009 ± 0.01Aa	0.007 ± 0.03Aa
	14.01	(Z)-2-癸烯醛	0.021 ± 0.05Aa	0.011 ± 0.07Aa
	15.07	2,4-癸二烯醛	0.005 ± 0.08Aa	0.004 ± 0.02Aa
	15.77	2-十一烯醛	0.016 ± 0.07Aa	0.011 ± 0.03Aa
	16.46	月桂醛	0.002 ± 0.05Aa	0.002 ± 0.07Aa
	19.86	豆肉蔻醛	0.011 ± 0.07Aa	0.005 ± 0.03Aa
	21.68	十五醛	0.017 ± 0.01Aa	0.008 ± 0.04Aa
烃类	16.27	正十四烷	0.001 ± 0.04Aa	0.001 ± 0.04Aa
	19.60	正十六烷	0.002 ± 0.08Aa	0.003 ± 0.01Aa
	21.37	正十九烷	0.004 ± 0.01Aa	0.004 ± 0.03Aa
杂环化合物	8.82	2-戊基呋喃	0.005 ± 0.03Aa	0.004 ± 0.02Aa
	10.76	3-[(三甲基甲硅烷基)氧基]-苯甲酸三甲基硅酯	0.005 ± 0.08Aa	0.008 ± 0.02Aa
羧酸	1.62	3-氨基-3-氧代丙酸	0.026 ± 0.06Aa	0.015 ± 0.08Aa
其他	3.81	硅烷二醇二甲酯	0.002 ± 0.01Aa	0.006 ± 0.05Aa

表 6-3　重要驴肉风味物质的 OAV 计算结果

序号	化合物名称	阈值（μg/g）	OAV	
			GL 组（$n=6$）	JN 组（$n=6$）
1	蘑菇醇	0.002	$2.990 \pm 0.35a$	$3.188 \pm 0.90a$
2	正己醛	0.015	$4.336 \pm 0.75a$	$2.432 \pm 0.73a$
3	庚醛	0.005	$1.037 \pm 0.10a$	$0.448 \pm 0.19b$
4	正辛醛	0.000 7	$17.123 \pm 2.66a$	$6.182 \pm 2.59b$
5	壬醛	0.003 5	$19.304 \pm 3.30a$	$5.426 \pm 2.17b$
6	(E)-2-壬烯醛	0.000 065	$142.190 \pm 10.49a$	$95.720 \pm 20.34a$
7	月桂醛	0.001 07	$1.423 \pm 0.17b$	$2.232 \pm 0.26a$
8	2-戊基呋喃	0.004 8	$1.122 \pm 0.23a$	$0.803 \pm 0.23a$

第二节　两品种驴肉背最长肌的转录组测序分析

筛选不同处理分组间具有表达差异的基因是转录组测序中的常规分析手段，可利用差异基因进行下游的功能富集分析得到重要的代谢通路结果，转录组测序技术做到了将表型数据与测序数据结合起来，从分子水平上挖掘与目标研究相关的重要调控因子。本研究主要以广灵驴和晋南驴的背最长肌作为测序样本，探究与两品种驴肉肉质相关的重要基因和关键通路，提供新的培育优质肉驴的理论方向。

2.1　试验材料与方法

2.1.1　试验样品采集

将转录组测序样本分为 GLT 组（$n=6$）和 JNT 组（$n=6$）两组，其中 GLT 组作为对照组。取液氮运回的背最长肌组织置于冰上，将两组中的背最长肌样本分别取 3 g 装至无酶冻存管中用液氮先进行预冷，之后干冰保存邮寄样本至上海美吉生物医药科技有限公司进行后续分析，每个样本 3 次重复。

2.1.2　试验方法

2.1.2.1　转录组样品总 RNA 的提取

（1）提取上机样本 total RNA：利用 1% 琼脂糖凝胶电泳验证提取的 RNA 完整性，RNA 6000 Nano Kit 试剂盒处理样品，利用 Agilent2100 测定 RNA 完整值（RNA integrity number，RIN）。RNA 总量和浓度达到建库要求即可进行后续处理。

（2）荧光定量验证差异基因试验中的 total RNA 提取：利用 Trizol 试剂提取组织样本的 total RNA 后制备 1% 琼脂糖凝胶验证 RNA 完整性，使用超微量核酸蛋白测定仪检测 RNA 浓度和纯度，得到符合浓度和纯度要求的 RNA 可进行后续的反转录分析。

2.1.2.2　cDNA 文库的构建

利用 Oligo（dT）磁珠将 mRNA 分离出来，将完整序列随机断裂后筛选出 300 bp 左右的片段。利用酶和引物作用合成多条 cDNA 双链，后将 cDNA 双链补齐为平末端，利用二代测序法进行文库构建。

2.1.2.3　Illumina 平台测序

运用 PCR 进行文库富集后回收条带，添加 Picogreen 荧光染料对 RNA 进行定量，利用 cBot 系统生成簇（Clusters），然后开始利用二代测序技术 Illumina 平台进行转录组测序。

2.1.2.4　测序数据的质控与序列比对分析

基于测序数据的海量性，运用 fastp 0.19.5 对所测数据进行统计和质控。一般情况下，要求质控数据对应的测序碱基平均错误率在 0.1% 以下，同时满足 Q20（测序质量在 99% 的碱基占总碱基的百分比）高于 85% 以及 Q30（测序质量在 99.9% 的碱基占总碱基的百分比）高于 80%。

使用 TopHat v2.1.1 对质控后的测序数据与参考基因组（*Equus asinus* GCF_016077325.2）进行序列比对分析，在参考基因组注释完整，且相关试验不存在污染的情况下，Total mapped reads 一般高于 65%。

2.1.2.5　转录本组装

基于参考基因组，使用软件 StringTie 2.1.2 将 Mapping reads 进行组装拼接，获取已知转录本以及没有注释信息的转录本。

2.1.2.6 差异表达分析与验证

使用 RSEM 1.3.3 获取样本 Read Counts，基于 TPM（Transcripts per million reads）方法得到标准化的基因 / 转录本表达水平，同时使用软件 DESeq2 1.10.1 对 Read Counts 进行差异表达分析，差异基因筛选阈值为 $|\log_2FC|\geqslant1$ 和 $P<0.05$。

后期挑选了 8 个差异表达基因对转录组的测序结果进行了验证，背最长肌样品经过总 RNA 提取和反转录后，使用 StepOneplus 荧光定量仪进行差异基因荧光定量检测，扩增体系中分别加入 cDNA 1 μL，2×Realtime PCR Super mix 5 μL，上下游引物各 0.25 μL 以及 ddH$_2$O 补全至 10 μL。引物均订购自工生物工程（上海）股份有限公司（表 6-4）。

表 6-4　引物订购信息

引物名称	序列（5′→3′）	退火温度（℃）	产物长度（bp）
UP3Y	F：CAGATGAGCTTCGCCTCCAT	60	94
	R：GGGTAGTGATGCTGGAGTGG		
MYO	F：AAGGTCAGCATTCCCAAAGA	60	137
	R：TGTGCTCTCGACTCATACTG		
MYL	F：GGTGCTCAAGGCTGATTACG	60	85
	R：CGCAAACATCTGCTCGATCT		
ITY	F：ACCCACTGCTGATGAAGGTG	60	74
	R：CCGGAAGTTGTCCTGTGTGA		
FHL	F：ACAAGGCCATCACATCTGGA	60	177
	R：TGCATCCAGCACACTTCTTG		
DNJ	F：AAGAAAGGAGCCGTCGAGTG	60	120
	R：GCCTTGGCACTCCATACACA		
CSR	F：GCCATCTGTGGGAAGAGTC	60	111
	R：TCCAAACCCAATCCCTGTAG		
MSYb2	F：GTACACCAAGCAAACCCCAGAGG	61	146
	R：AGCACCCACAGCGATCTACTACC		
β-actin3	F：ACCGCGAGAAGATGACCCAG	60	121
	R：GAGTCCATCACGATGCCGGT		

2.1.2.7　数据统计分析

荧光定量数据根据 $2^{-\Delta\Delta ct}$ 法计算基因的相对表达量，然后利用 PraphPad Prism 8.3 软件选择单因素方差分析法处理试验数据。转录组数据后续的 PCA 分析、差异表达分析以及功能富集分析均在 R 4.2.0 环境下运行，分别通过 PCAtools 2.8.0、ggplot2 3.3.6、ClusterProfiler 4.4.4 等 R 相关软件包进行分析和绘制结果。

2.2　数据结果与分析

2.2.1　RNA 电泳检测结果

本试验提取的总 RNA 通过琼脂糖凝胶电泳进行验证，电泳结果显示 RNA 条带完整，12 个样本 OD260/280 值均处于 1.8～2.0，条带无污染。

2.2.2　测序数据统计

以广灵驴和晋南驴两个品种为分组，12 个样本的转录组测序分析共得到了 82.73 Gb Clean Data，Q30 百分比均在 92.12% 以上（表 6-5），Data 比对率从 84.5% 到 91.08% 不等，满足序列比对的阈值要求，详细数据见表 6-6。

表 6-5　GLT 组与 JNT 组测序数据统计

样本	原始读数	原始数据量	质控后读数	质控后数据量	平均错误率	Q20（%）	Q30（%）	GC含量（%）
JNT1	46509768	7870755106	44435792	7432789086	0.026 5	97.40	92.80	54.96
JNT2	55677008	6913224846	53072898	6515979553	0.027 3	97.13	92.12	53.55
JNT3	45801992	6987068980	43686770	6602955335	0.026 7	97.33	92.60	54.49
JNT4	46271980	6916100792	44815154	6449601072	0.026 4	97.49	92.88	53.46
JNT5	45782946	8407228208	44075040	7782676019	0.026 5	97.42	92.76	53.93
JNT6	52124206	7022974968	50277976	6567888496	0.026 7	97.36	92.61	53.33
GLT1	58898702	6465122984	56490134	6058232723	0.026 5	97.42	92.81	54.06
GLT2	51516608	6826631480	49582448	6366410586	0.026 6	97.38	92.68	54.12
GLT3	49081846	6847927614	46966738	6409508609	0.027 2	97.15	92.21	53.85

（续）

样本	原始读数	原始数据量	质控后读数	质控后数据量	平均错误率	Q20（%）	Q30（%）	GC含量（%）
GLT4	45350514	7411358746	43420820	6900073749	0.026 7	97.33	92.62	53.32
GLT5	45209480	7779007808	43134356	7330826146	0.027 2	97.16	92.22	54.87
GLT6	42815384	8893704002	41194394	8312305622	0.026 9	97.28	92.46	54.65

表6-6 比对结果统计

样本	过滤后读数结果	比对读数结果	比对到多位置	比对到唯一
JNT1	44435792	40473791（91.08%）	2343612（5.27%）	38130179（85.81%）
JNT2	53072898	44847489（84.5%）	2306330（4.35%）	42541159（80.16%）
JNT3	43686770	37721362（86.35%）	1988147（4.55%）	35733215（81.79%）
JNT4	44815154	39118245（87.29%）	2073751（4.63%）	37044494（82.66%）
JNT5	44075040	39085975（88.68%）	1928473（4.38%）	37157502（84.31%）
JNT6	50277976	43886438（87.29%）	1988150（3.95%）	41898288（83.33%）
GLT1	56490134	48893391（86.55%）	2346191（4.15%）	46547200（82.4%）
GLT2	49582448	43021452（86.77%）	1997914（4.03%）	41023538（82.74%）
GLT3	46966738	41987409（89.4%）	1699179（3.62%）	40288230（85.78%）
GLT4	43420820	38446863（88.54%）	1546228（3.56%）	36900635（84.98%）
GLT5	43134356	38757489（89.85%）	2055412（4.77%）	36702077（85.09%）
GLT6	41194394	36800388（89.33%）	1847937（4.49%）	34952451（84.85%）

2.2.3 样本间PCA分析

转录组测序数据共检测到 25 059 个表达基因，其中已知基因 24 475 个，对表达基因进行 PCA，PCA 分析是一种无监督的降维分析方法，可通过对应的载荷值寻找出不同主成分中具有贡献值的重要基因。图 6-1 显示，PC1 与 PC4 的 PCA 分析结果能够将 GLT 组与 JNT 组分开，说明在此结果中品种差异是能够区分样本分组的重要因素。PCA 载荷值结果显示，*LOC123276773*、*ACTA1*、*PLXDC2*、*MYL2*、*MYLPF* 等基因是影响广灵驴与晋南驴两个品种肉质差异的重要基因。

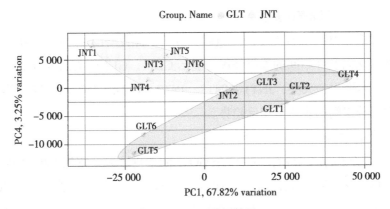

图 6-1　PCA 分析结果

2.2.4　表达量差异分析

2.2.4.1　差异表达基因数量统计

GLT 组与 JNT 组两组间总共筛选得到了 932 个差异表达基因，其中 454 个具有上调差异，478 个具有下调差异，基因分布情况见图 6-2，图中展示了 $\log_2$ 差异倍数排名前 9 的差异表达基因。

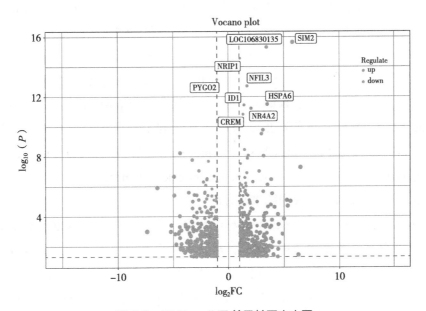

图 6-2　GLT vs JNT 差异基因火山图

2.2.4.2　样本间差异表达基因聚类分析

将差异表达基因进行样本间分组聚类分析，探究 GLT 组与 JNT 组间的基因表达趋势变化以及样本间的聚类情况。显示 GLT1、GLT2、GLT3、GLT4、GLT5 和 GLT6 样本聚为一大类，JNT1、JNT2、JNT3、JNT4、JNT5 和 JNT6 聚为一大类，且两个分组间的表达呈相反趋势。

2.2.4.3　差异基因 GO 富集分析

GO 富集分析结果显示，共 113 条 GO 功能条目被显著富集（$P<0.05$），其中富集到生物过程（Biological process，BP）结果 87 个，富集到分子功能（Molecular function，MF）结果 23 个，富集到细胞组分（Cellular component，CC）3 个。各个亚功能分类显示差异表达基因主要集中在对未折叠蛋白质做出反应（response to unfolded protein）、"从头"蛋白质折叠（'de novo' protein folding）、"从头"翻译后蛋白折叠（'de novo' posttranslational protein folding）、对拓扑校正蛋白的反应（response to topologically incorrect protein）、蛋白辅因子依赖性蛋白质重折叠（chaperone cofactor-dependent protein refolding）、DNA 结合转录激活剂活性，RNA 聚合酶 Ⅱ 特异性（DNA-binding transcription activator activity，RNA polymerase 2-specific）、调控区核酸结合（regulatory region nucleic acid binding）、转录调节区序列特异性 DNA 结合（transcription regulatory region sequence-specific DNA binding）、RNA 聚合酶 Ⅱ 转录调节区序列特异性 DNA 结合（RNA polymerase 2 transcription regulatory region sequence-specific DNA binding）、顺式调控区序列特异性 DNA（cis-regulatory region sequence-specific DNA binding）、突触特化（postsynaptic specialization）、突触密度（postsynaptic density）和核（nucleus）。另外，显著富集结果中还富集到了与肌肉合成相关的通路结果，例如肌肉系统过程（muscle system process）、肌肉器官发育（muscle organ development）、肌肉结构发育（muscle structure development）等。

2.2.4.4　差异基因 KEGG 通路富集分析

KEGG 富集分析中共有 204 个差异基因富集到了对应的 KEGG 通路，其中 13 条通路被显著富集（$P<0.05$），从富集结果筛选出了排名前 20 的 KEGG 通路进行展示，展示的结果中包括钙信号通路（map04020：Calcium signaling pathway）、丙氨酸、天冬氨酸和谷氨酸代谢（map00250：Alanine, aspartate and glutamate metabolism）、MAPK 信号通路（map04010：MAPK signaling pathway）

和 cGMP-PKG 信号通路（map04022：cGMP-PKG signaling pathway）可能与驴肉肉质的形成和肉质品种差异具有重要影响。

2.2.5　转录组差异表达基因的 qRT-PCR 验证

为了验证转录组的测序结果，随机选择 8 个在样本分组间存在差异表达的基因进行荧光定量分析，挑选出的 *UP3*、*MYOZ3*、*MYL2*、*ITH4*、*DNAJA1*、*CSRP3*、*MSTN*、*FHL1* 基因都与肉质嫩度或肌肉形成相关。*β-actin* 为内参基因，广灵驴和晋南驴背最长肌组织作为样本，验证差异基因表达趋势是否与转录组数据一致。图 6-3 显示，8 个基因的 qRT-PCR 表达趋势与转录组的测序表达的趋势相同，证实了 RNA-Seq 的可靠性。

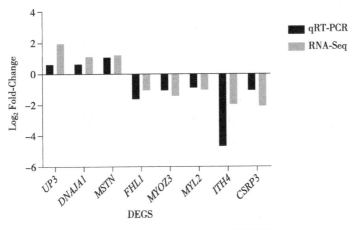

图 6-3　转录组差异表达基因验证结果

第三节　两品种驴肉背最长肌的代谢组测序分析

代谢组学分析是目前常用且较为成熟的研究分析方法，代谢物的种类以及其随着时间条件的变化都会给生物体带来相应的变化和影响。宰后成熟影响会促使肉发生相应的生理生化反应，通过代谢组学研究有助于探究肉品质形成过程所产生的具体生理变化，同时寻找出对目标研究有重要影响和自己感兴趣的代谢小分子物质，结合生物信息或统计分析方法对这些代谢物质的潜在功能进行挖掘，有助于从新的角度和方向去分析肉品特质以及了解肉质背后的动物遗传背景。

3.1 试验材料与方法

3.1.1 试验样品采集

代谢组测序样本分为 GLM 组（$n=6$）和 JNM 组（$n=6$）两组，其中以 GLM 为对照组进行测序分析。广灵驴与晋南驴的背最长肌作为测序样本，先将无酶冻存管用液氮进行预冷，每个样本取 3 g 组织进行分装，然后立即将样本放置干冰中冷冻保存送至上海美吉生物医药科技有限公司进行后续分析，取样分装过程需在冰上进行。

3.1.2 试验方法

3.1.2.1 样品预处理

试验处理需要精确称取 50 mg 样品至 2 mL 离心管中，并将直径 6 mm 的研磨珠一起放置于管中。然后添加 400 μL 含内标的提取液［甲醇：乙腈 =1：1（$v:v$）］，使用冷冻组织研磨仪在 -10℃ 下研磨 6 min（50 Hz）。研磨完毕后将样品在低温超声仪中 5℃ 条件下提取 30 min（50 Hz），之后 -20℃ 静置样品 30 min。13 000 r/min，4℃ 离心 15 min，移取上清液至带内插管的进样小瓶中上机分析。另外，还需要从每个样品中分别移取 20 μL 上清液，混合后作为质控样本。

3.1.2.2 LC-MS 检测

LC-MS 分析平台在超高效液相色谱串联傅里叶变换质谱 UHPLC-Q Exactive 系统下进行。

色谱条件：色谱柱为 ACQUITY UPLC HSS T3（100 mm × 2.1 mm i.d, 1.8 μm; Waters，Milford，USA），流动相 A 为 95% 水加 5% 乙腈（含 0.1% 甲酸），流动相 B 为 47.5% 乙腈加 47.5% 异丙醇加 5% 水（含 0.1% 甲酸）。

质谱条件：样品经电喷雾电离，分别采用正、负离子扫描模式采集质谱信号，具体参数见表 6-7。

表 6-7 质谱参数

描述	参数
扫描范围（m/z）	70～1 050
鞘气流速（arb）	40
辅助气流速（arb）	10
加热温度（℃）	400
毛细管温度（℃）	320
喷雾电压（正模式）（V）	3 500
喷雾电压（负模式）（V）	-2 800
碰撞能（eV）	20，40，60
分辨率（Full MS）	70 000
分辨率（MS^2）	17 500

3.1.2.3 质控和数据预处理

混合制备质控样本（quality control，QC）考察整个检测过程的稳定性。对原始数据进行预处理（原始数据缺失值过滤、缺失值填充、数据归一化、QC 验证和数据转换），以尽可能减少试验和分析过程中带来的误差，使数据结构标准化。

本试验将每组内缺失值都大于 20% 的原始数据进行过滤，使用极小值方法将剩下的缺失值进行填充，通过计算总和的方法对数据进行归一化，将 QC 样本中标准差 / 均值（RSD）大于 30% 的变量剔除，最后取 $\log_{10}$ 对数据进行转换。

3.1.2.4 代谢组数据分析

GLM 组与 JNM 组样本间的 PCA、PLS-DA 以及 OPLS-DA 均在 SIMCA 14.1 软件中进行分析。代谢物显著性差异使用 Student's T 检验方法校正 P，显著差异代谢物的阈值定义为：$P < 0.05$ 和 VIP_pred_OPLS-DA > 1。

3.2 数据结果与分析

3.2.1 分组样本间的比较分析

3.2.1.1 PCA分析

对各样本上机数据总离子数和质谱峰数目进行鉴定，使用软件对两个分组进行比对分析共提取到6 968个质谱峰，即正负离子模式下分别检测到4 047个和2 921个。质谱数据与各数据库（自建库、Metlin、HMDB等）进行鉴定比对，最终确定具体的代谢物质与数目，本次测序共鉴定得到492种代谢物质，即正离子模式下343种，负离子模式下149种。

将两组样本间进行无监督的PCA多元统计分析，观察各组样本之间的总体差异和组内各样本之间的变异度大小，根据结果中的距离大小判断代谢物表达模式相似性。从图6-4可以看到，两离子模式下不同分组间的样本并没有区分开来，QC样本基本都聚于一类。椭圆区域表示在95%的置信区间里，超出此区域的样本则可能为异常样本，结果显示正负离子模式下均不存在异常样本。整体结果显示，所有样本数据可继续进行下一步的模型分析和组内差异分析。

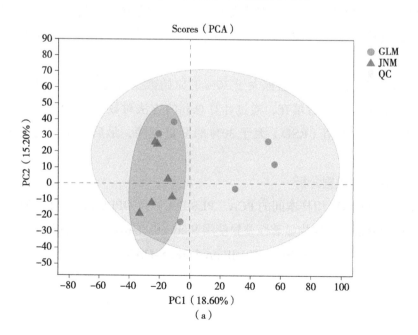

（a）

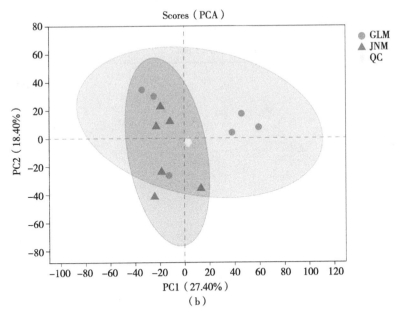

图6-4　正离子模式下样本间的 PCA 分析结果（a）；

负离子模式下样本间的 PCA 分析结果（b）

3.2.1.2　PLS-DA 分析

PLS-DA 是基于经典的偏最小二乘回归模型的有监督的判别分析方法，可以有效地对组间观察值进行区分，并且能够找到导致组间区分的影响变量。图 6-5 显示了驴背最长肌不同品种分组间正离子模式下的 PLS-DA 分析结果，从图 6-5a 可以看到，GLM 与 JNM 组之间的样本在 x 轴正负半轴上分别聚于一类，两组样本之间明显得到了区分，说明组间代谢物存在差异，可以从中寻找与驴肉品种相关的重要差异代谢物进行后续分析研究。另外，为了避免 PLS-DA 模型的过度拟合对结果造成的影响，需要对模型结果进行置换检验验证（$n = 200$），图 6-5b 展示的是模型验证结果，图中最右侧 R^2 值计算为 0.996，相较于其左侧的所有 R^2 值都高，同样地，最右侧 Q^2 值为 0.909，相较于其左侧的所有 Q^2 值都高且回归线交于 y 轴负半轴处，结果证明模型不存在过拟合现象。负离子模式的 PLS-DA 分析结果与正离子模式相同，不存在过拟合现象，其最右侧 R^2 值为 0.997，最右侧 Q^2 值为 0.913，具体结果可见图 6-6。

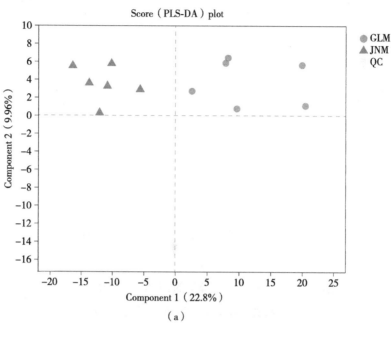

（a）

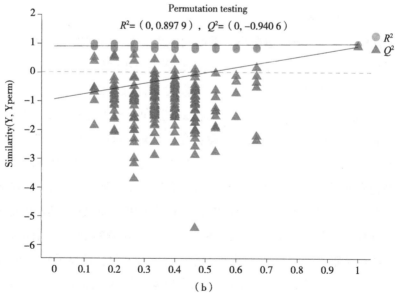

（b）

图 6-5　正离子模式下组间样本的 PLS-DA 分析结果（a）；置换检验验证（b）

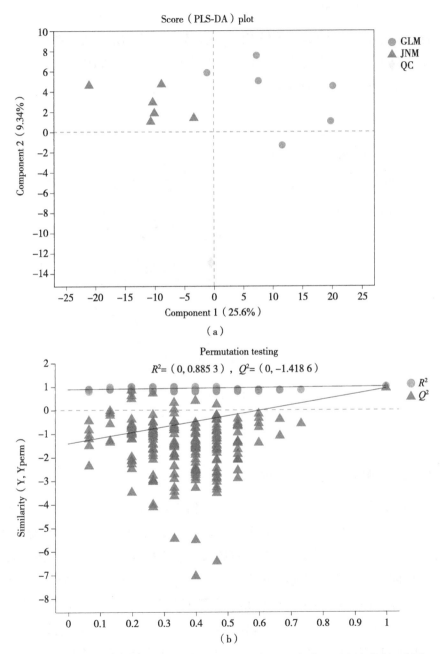

图 6-6　负离子模式下组间样本的 PLS-DA 分析结果（a）；置换检验验证（b）

3.2.2　代谢物注释分析

通过质谱峰与 HMDB4.0 数据库的鉴定得到了测序结果中代谢物质的分类信息，并且绘制了图 6-7 展示代谢物的数量从高到低顺序所选 HMDB 层级的名称和代谢物所占百分比。可通过颜色和所占比例确定分类和代谢物占比。

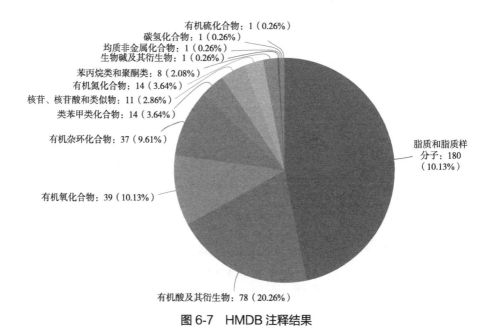

图 6-7　HMDB 注释结果

3.2.3　差异代谢物鉴定与聚类分析

在代谢组学中，一般使用多元统计和单维统计方法同时筛选代谢物的差异变量来寻找出试验中最重要和最值得关注的差异代谢物，即通过计算多元统计分析中的 VIP 与经过校正统计后的 P 来共同筛选出显著差异代谢物。基于 $P<0.05$ 和 VIP>1 的阈值标准总共筛选出 76 种差异代谢物，正离子模式下 57 个，负离子模式下 19 个。图 6-8 为 GLM 组与 JNM 组组间差异代谢物火山图，可以看到上调差异代谢物有 31 个，下调差异代谢物 45 个，果糖-1,6-二磷酸、蛋氨酸谷氨酰胺、丁基(S)-3-羟基丁酸葡糖以及 Hericene B 是显著差异倍数排名前 4 的代谢物。

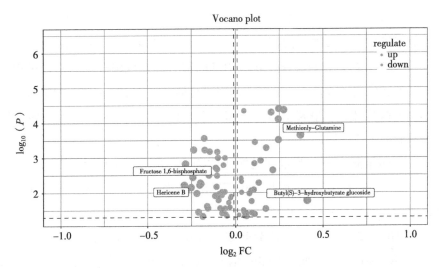

图 6-8 广灵驴与晋南驴分组间差异代谢物火山图

第四节 总 结

本研究主要基于转录和代谢的分子角度研究驴的品种差异对肉质性状的影响以及对肌肉形成具有重要作用的代谢途径，挖掘受品种差异影响的重要候选基因和代谢物，主要结论总结如下。

（1）试验结果显示，肉品质指标中剪切力和 IMF 含量在广灵驴与晋南驴两个品种间并无显著差异性，但驴肉中的 IMF 即具有形成雪花纹的潜力同时与其他物种相比脂肪含量较低，IMF 平均含量为 5% 左右。在两品种驴肉的风味化合物检测中，检测到 24 种共有风味挥发性物质，壬醛是两品种间物质含量具有显著性差异的唯一化合物（$P < 0.05$），醛类物质是影响驴肉风味的主要物质组成。经计算分析，庚醛仅对广灵驴的肉质风味具有贡献性且其 OAV 显著高于晋南驴，可能是两品种间的重要差异风味物质。GL 组中的风味物质整体 OAV 高于 JN 组，推测广灵驴肉的风味可能相对更好。

（2）转录组分析获得到了 25 059 个表达基因，其中 *LOC123276773*、*ACTA1*、*PLXDC2*、*MYL2* 和 *MYLPF* 等基因可能是对驴肉品种差异具有重要贡献影响的候选基因。GLT 组与 JNT 组间存在 932 个差异表达基因，GO 富集分析主要集中在与转录激活和调控相关的功能上，推测广灵驴与晋南驴的肌肉组织差异可能受到了某些基因转录激活调控与蛋白质功能的影响。另外，*CSRP3*、*FHL1*、*STRA6*、*MSTN*、*PITX1* 等部分差异表达基因部分涉及肌肉合成与发育过程，可作为后续的驴肉肉质改良相关的候选基因进行研究。钙信号通路、丙氨酸、天冬氨酸和谷氨酸代谢、MAPK 信号通路和 cGMP-PKG 信号通路可能是影响驴肉品质品种差异的重要代谢通路。

（3）代谢组测序分析鉴定到已知代谢物 492 种，筛选出 76 种差异代谢物，果糖-1,6-二磷酸、蛋氨酸谷氨酰胺和丁基(S)-3-羟基丁酸葡糖的差异影响最大，可能是对肉质品种差异最具有影响的代谢物质。*D*-果糖-2,6-二磷酸、果糖-1,6-二磷酸、琥珀酸、*L*-谷氨酰胺、葡萄糖酸等差异代谢物富集在胰高血糖素信号通路、半胱氨酸和蛋氨酸代谢、AMPK 信号通路、cAMP 信号通路、丙氨酸、天冬氨酸和谷氨酸代谢、磷脂酰肌醇信号系统、戊糖磷酸途径、甘氨酸、丝氨酸和苏氨酸代谢、果糖和甘露糖代谢等与脂肪沉积和肉质形成有关的通路上。

（4）果糖和甘露糖代谢以及丙氨酸、天冬氨酸和谷氨酸代谢在联合分析显著共富集（$P<0.05$），都参与能量代谢以及肌肉沉积等过程。*FOLH1B*、*DDO*、*PPAT* 与 *L*-谷氨酰胺在丙氨酸、天冬氨酸和谷氨酸代谢通路中呈负相关，琥珀酸与 *PPAT* 基因呈正相关；*LHCGR* 与琥珀酸和 3-羟基丁酯酸在 cAMP 信号通路中呈正相关；*ALDH3B1* 与琥珀酸在苯丙氨酸代谢通路中呈负相关。前 15 种影响转录组数据的差异代谢物质主要为脂类和脂质分子、有机酸及其衍生物、有机氧化合物、核苷酸及其类似物和甘油磷脂类，而对代谢组数据存在影响的前 15 个差异基因中大多数都与动物肉质的嫩度、肌内脂肪等研究相关，证明转录与代谢组中分析获得的差异基因及代谢物可作为后续肉质研究的重要候选分子。

以上结果说明广灵驴与晋南驴可能在肌肉发育合成、风味物质形成以及能量代谢等方面存在肉质差异，本研究分析得到的结果有望用于今后驴肉肉质改良及风味优化的挖掘工作。

参 考 文 献

曹满湖, 陈清华, 2007. 维生素和矿物质对猪肉品质的影响 [J]. 肉类研究 (8): 46-49.

曹宪福, 杨志成, 姜廷波, 等, 2016. 肌肉嫩度的影响因素分析 [J]. 黑龙江畜牧兽医(11): 60-63.

陈代文, 张克英, 胡祖禹, 2002. 猪肉品质特征的形成原理 [J]. 四川农业大学学报, 20(1): 60-66.

陈家华, 2007. 畜禽及其产品质量和安全分析技术 [M]. 北京: 化学工业出版社.

陈坤杰, 季方芳, 徐佳琪, 2018. 生理成熟度及牛肉肌纤维特征与嫩度关系试验研究 [J]. 农业机械学报, 49(5): 375-381.

陈琳, 曹锦轩, 徐幸莲, 2009. 牲畜的宰前运输对肉品品质的影响 [J]. 食品工业科技 (1): 326-328.

陈润生, 马小愚, 雷得天, 1988. 肌肉嫩度计的鉴定和应用 [J]. 东北农学院学报, 19(3): 277-283.

陈永熙, 王伟铭, 周同, 等, 2006. PPAR-γ 作用及其相关信号转导途径 [J]. 细胞生物学杂志, 28(3): 382-386.

崔凯, 吴伟伟, 刁其玉, 2019. 转录组测序技术的研究和应用进展 [J]. 生物技术通报, 35(7): 1-9.

崔薇, 邱燕, 陈韬, 2009. 宰后肌肉蛋白质变化与嫩度的关系 [J]. 肉类研究(4): 7-9.

杜曼婷, 李欣, 李铮, 等, 2018. 钙蛋白酶系统磷酸化对肉嫩度的影响研究进展 [J]. 中国食品学报, 18(10): 286-294.

丰永红, 2020. 肌纤维类型影响牛肉成熟过程中蛋白降解的机制研究 [D]. 北京: 中国农业科学院.

葛长荣, 马美湖, 2002. 肉与肉制品工艺学 [M]. 北京: 中国轻工业出版社.

龚建军, 2005. 德国猪肉品质测定技术 [J]. 中国畜牧兽医, 32(9): 23-26.

国家畜禽遗传资源委员会组编, 2011. 中国畜禽遗传资源志马驴驼志 [M]. 北京: 中国农业出版社.

韩建众, 2005. 肉品品质及其控制 [M]. 北京: 中国农业科学技术出版社.

郝婉名, 祝超智, 赵改名, 等, 2019. 肌肉嫩度的影响因素及 pH 调节牛肉嫩化技术研究
　进展 [J]. 食品工业科技, 40(24): 349-354.

纪勇, 郭盛磊, 杨玉焕, 2015. 代谢组学方法研究进展 [J]. 安徽农业科学 (25): 21-23.

蒋爱民, 2008. 畜产食品工艺学 [M]. 2 版. 北京: 中国农业出版社.

金晖, 刘俊, 2020. 辽宁省肉驴屠宰行业现状 [J]. 新农业, 932(23): 36-37.

靳烨, 2004. 畜禽食品工艺学 [M]. 北京: 中国轻工业出版社.

靳烨, 南庆贤, 2001. 牛肉高压嫩化机理的研究 [J]. 肉类工业 (245): 85-87.

孔保华, 马丽珍, 2003. 肉品科学与技术 [M]. 北京: 中国轻工业出版社.

孔晓玲, 蒋德云, 韦山, 等, 2003. 关于肌肉嫩度评价方法的比较研究 [J]. 农业工程学报,
　19(4): 216-219.

郎玉苗, 王勇峰, 李敬, 等, 2016. 中国西门塔尔牛肌肉肌纤维类型和肉品质特性研究
　[J]. 中国畜牧兽医, 43(6): 1489-1493.

雷质文, 2008. 肉及肉制品微生物监测应用手册 [M]. 北京: 中国标准出版社.

李福昌, 1993. 肌间脂肪及其品质对驴肉质影响的研究 [J]. 中国畜牧杂志, 29(3): 30-31.

李景芳, 王燕, 陆东林, 2018. 驴的肉用性能和驴肉的营养价值 [J]. 新疆畜牧业, 33(12):
　11-16, 19.

李铁全, 林世武, 2003. 浅谈生猪待宰时间对肉品品质的影响 [J]. 食品安全 (3): 35.

李秀, 杨燕, DAUDA S-A A, 等, 2019. 不同部位驴肉风味物质差异分析 [J]. 食品与发酵
　工程, 45(12): 227-234.

李永鹏, 余群力, 2010. 肉类成熟嫩化过程中的蛋白酶系及其作用 [J]. 肉类研究(5):
　8-12.

李长松, 周霞, 周玉玺, 2020. 山东省驴规模化养殖效率及差异性分析 [J]. 农业展望,
　16(7): 68-73.

梁全, 2015. 广灵驴品种的保护与开发 [J]. 中国畜牧业 (8): 55-56.

林靖凯, 刘桂芹, 格日乐其木格, 等, 2019. 驴肉品质及其影响因素的研究进展 [J]. 中国
　畜牧兽医, 46(6): 1873-1880.

林在琼, 2014. 巴美肉羊肌纤维组织学特性、糖酵解潜力和肉品质相关性的研究 [D].
　呼和浩特: 内蒙古农业大学.

刘兴余, 金邦荃, 2005. 影响肉嫩度的因素及其作用机理 [J]. 食品研究与开发(5): 177-
　180.

卢桂松, 王复龙, 朱易, 等, 2013. 秦川牛花纹肉剪切力值与胶原蛋白吡啶交联和热溶解
　性的关系 [J]. 中国农业科学, 46(1): 130-135.

南庆贤, 2003. 肉类工业手册 [M]. 北京: 中国轻工业出版社.

牛晓艳, 曹亮, 詹海杰, 等, 2020. 广灵驴体重与体尺指标的主成分分析和回归模型的建立 [J]. 中国畜牧杂志: 1-10.

邱凯, 2018. 胞内钙离子平衡与骨骼肌前体细胞成肌成脂分化的关系研究 [D]. 北京: 中国农业大学.

邱莫寒, 俞宁, 2010. RNA 的可变剪接 [J]. 畜牧与饲料科学, 31(5): 13-15.

邱燕, 崔薇, 陈韬, 2009. 氯化钙处理对牛肉嫩化的研究进展 [J]. 肉类研究 (2): 10-13

王笑丹, 2008. 畜肉品质评定方法及综合评定系统研究 [D]. 长春: 吉林大学 .

王鑫, 李光鹏, 2019. 牛肉质性状及其影响因素 [J]. 动物营养学报, 31(11): 4949-4958.

王璋, 许时婴, 汤坚, 1999. 食品化学 [M]. 北京: 中国轻工业出版社.

吴寿鹏, 朱乐亭, 赵志刚, 等, 2017. 基于 Web of Science 的代谢组学文献计量分析 [J]. 药物流行病学杂志 (9): 67-72.

闫俊峰, 2020. 广灵驴特性和生长规律 [J]. 农业技术与装备, 371(11): 165-166.

严江华, 2008. 冷却牛肉嫩化及保鲜 [J]. 肉类研究 (11): 53-55.

杨媛丽, 2020. 不同育肥时间对牦牛肉品质及肌肉代谢物的影响比较研究 [D]. 北京: 中国农业科学院 .

羿庆燕, 董玉影, 李官浩, 等, 2013. 不同质量等级延边黄牛肉肌纤维的组织特性 [J]. 肉类研究, 27(6): 10-13.

尹靖东, 2010. 动物肌肉生物学与肉品科学 [M]. 北京: 中国农业大学出版社.

尤娟, 罗永康, 张岩春, 等, 2008. 驴肉脂肪和脂肪酸组成的分析与评价 [J]. 中国食物与营养 (9): 55-56.

尤娟, 罗永康, 张岩春, 等, 2008. 驴肉主要营养成分及与其它畜禽肉的分析比较 [J]. 肉类研究 (7): 20-22.

尤娟, 郑喆, 张岩春, 等, 2008. 驴肉蛋白质氨基酸分析与评价 [J]. 肉类工业 (9): 34-35.

于平, 2012. 鸡 AMPD1 基因多态性与肌苷酸含量的相关性分析 [D]. 南京: 南京农业大学.

张博然, 孟影, 王传龙, 等, 2016. PCK1 基因在延黄牛不同部位脂肪组织和内脏中的表达分析 [J]. 中国兽医学报, 36(10): 1783-1786.

张桂贤, 郭传甲, 李桢, 等, 2002. 广灵驴及其开发利用价值 [J]. 当代畜牧 (9): 26-27.

张淑珍, 孙爱林, 李守富, 等, 2016. 我国肉驴产业现状与展望 [J]. 贵州畜牧兽医, 40(4): 37-38.

张旭, 乐宝玉, 成志敏, 等, 2018. 广灵驴成纤维细胞系的建立及其相关生物学特性研究 [J]. 中国畜牧兽医, 45(3): 650-655.

周光宏, 2008. 肉品加工学 [M]. 北京：中国农业出版社.

周光宏, 2009. Lawrie's 肉品科学 [M]. 7 版. 北京：中国农业大学出版社.

周楠, 2014. 育肥渤海公驴肌肉组织学特性以及理化性状的研究 [D]. 保定: 河北农业大学.

周楠, 韩国才, 柴晓峰, 等, 2015. 驴的产肉、理化指标及加工特性比较研究 [J]. 畜牧兽医学报, 46(12): 2314-2321.

BAILEY N L A A, 1985. The rôle of epimysial, perimysial and endomysial collagen in determining texture in six bovine muscles[J]. Meat science, 13(3): 137-149.

BARIDO F H, UTAMA D T, JEONG H S, et al., 2020. The effect of finishing diet supplemented with methionine/lysine and methionine/α-tocopherol on performance, carcass traits and meat quality of Hanwoo steers[J]. Asian-Australia journal animal science, 33(1): 69-78.

BERGER J, MOLLER D E, 2002. The mechanisms of action of PPARs[J]. Annual review of medicine, 53(1): 409-435.

CHOI Y M, KIM B C, 2009. Muscle fiber characteristics, myofibrillar protein isoforms, and meat quality[J]. Livestock science, 122(2-3): 105-118.

CHULAYO A Y, MUCHENJE V, 2013. The effects of pre-slaughter stress and season on the activity of plasma creatine kinase and mutton quality from different sheep breeds slaughtered at a smallholder abattoir[J]. Asian-Australasian journal of animal sciences, 26(12): 1762.

DAI S F, WANG L K, WEN A Y, et al., 2009. Dietary glutamine supplementation improves growth performance, meat quality and colour stability of broilers under heat stress[J]. British poultry science, 50(3): 333-340.

FEREIDOON S, 1994. Flavor of Meat and Meat Products[M]. Boston: Springer: 154-233.

FREDRIKSSON-LIDMAN K, VAN ITALLIE C M, TIETGENS A J, et al., 2017. Sorbin and SH3 domain-containing protein 2(SORBS2)is a component of the acto-myosin ring at the apical junctional complex in epithelial cells[J]. PLOS ONE, 12(9): e185448.

GIRARD I, BRUCE H L, BASARAB J A, et al., 2012. Contribution of myofibrillar and connective tissue components to the Warner-Bratzler shear force of cooked beef[J]. Meat science, 92(4): 775-782.

GLASS D J, 2003. Molecular mechanisms modulating muscle mass[J]. Trends in molecular medicine, 9(8): 344-350.

KEMP C M, PARR T, 2012. Advances in apoptotic mediated proteolysis in meat tenderisation[J]. Meat science, 92(3): 252-259.

KIM N K, JOH J H, PARK H R, et al., 2004. Differential expression profiling of the proteomes and their mRNAs in porcine white and red skeletal muscles[J]. Proteomics, 4(11): 3422-3428.

KLONT E R, BROCKS L, EIKELENBOOM G, 1998. Muscle fibre type and meat quality[J]. Meat science, 49(S1): 219-229.

KOLTAI E, SZABO Z, ATALAY M, et al., 2010. Exercise alters SIRT1, SIRT6, NAD and NAMPT levels in skeletal muscle of aged rats[J]. Mechanisms of ageing and development, 131(1): 21-28.

LI Y, DING H, DONG J, et al., 2019. Glucagon attenuates lipid accumulation in cow hepatocytes through AMPK signaling pathway activation[J]. Journal of cellular physiology, 234(5): 6054-6066.

LIU J, LI J, CHEN W, et al., 2021. Comprehensive evaluation of the metabolic effects of porcine CRTC3 overexpression on subcutaneous adipocytes with metabolomic and transcriptomic analyses[J]. Journal of Animal science and biotechnology, 12(1): 19.

LIU R, ZHANG W, 2020. Detection techniques of meat tenderness: state of the art[J]. Meat quality analysis: 53-65.

MA X Y, JIANG Z Y, LIN Y C, et al, 2010. Dietary supplementation with carnosine improves antioxidant capacity and meat quality of finishing pigs[J]. Journal of animal physiology and animal nutrition, 94(6): 286-295.

MATEESCU R G, GARMYN A J, O'Neil M A, et al., 2012. Genetic parameters for carnitine, creatine, creatinine, carnosine, and anserine concentration in longissimus muscle and their association with palatability traits in Angus cattle[J]. Journal of animal science, 90(12): 4248-4255.

MCKENNA M J, MORTON J, SELIG S E, et al., 1999. Creatine supplementation increases muscle total creatine but not maximal intermittent exercise performance[J]. Journal of applied physiology, 87(6): 2244-2252.

PIAO M Y, JO C, KIM H J, et al., 2015. Comparison of carcass and sensory traits and free amino acid contents among quality grades in loin and rump of Korean cattle steer[J]. Asian-Australasian journal of animal sciences, 28(11): 1629.

RAMANATHAN R, MANCINI R A, DADY G A, et al., 2013. Effects of succinate and pH on cooked beef color[J]. Meat science, 93(4): 888-892.

RAMSHAW J A M, SHAH N K, BRODSKY B, 1998. Gly-X-Y tripeptide frequencies in collagen: a context for host-guest triple-helical peptides[J]. Journal of structural biology,

122(1-2): 86-91.

ROSA RODRIGUEZ M A, KERSTEN S, 2017. Regulation of lipid droplet-associated proteins by peroxisome proliferator-activated receptors[J]. Biochimica et biophysica acta-molecular and cell biology of lipids, 1862(10 Pt B): 1212-1220.

ROVERATTI M C, JACINTO J L, OLIVEIRA D B, et al, 2019. Effects of beta-alanine supplementation on muscle function during recovery from resistance exercise in young adults[J]. Amino acids, 51(4): 589-597.

SLYSHENKOV V S, DYMKOWSKA D, WOJTCZAK L, 2004. Pantothenic acid and pantothenol increase biosynthesis of glutathione by boosting cell energetics[J]. FEBS letters, 569(1-3): 169-172.

SUZUKI A, CASSENS R G, 1980. A histochemical study of myofiber types in muscle of the growing pig[J]. Journal of animal science, 51(6): 1449-1461.

SZCZESNIAK A W, 1968. Correlations between objective & sensory texture measurements [J]. Food technology, 22: 981-986.

UEDA S, IWAMOTO E, KATO Y, et al, 2019. Comparative metabolomics of Japanese Black cattle beef and other meats using gas chromatography-mass spectrometry[J]. Bioscience, biotechnology, and biochemistry, 83(1): 137-147.

VAITHIYANATHAN S, NAVEENA B M, MUTHUKUMAR M, et al., 2008. Biochemical and physicochemical changes in spent hen breast meat during postmortem aging[J]. Poultry science, 87(1): 180-186.

WANG J, QIN L, FENG Y, et al., 2014. Molecular characterization, expression profile, and association study with meat quality traits of porcine PFKM gene[J]. Applied biochemistry and biotechnology, 173(7): 1640-1651.

WEGENER G, KRAUSE U, 2002. Different modes of activating phosphofructokinase, a key regulatory enzyme of glycolysis, in working vertebrate muscle[J]. Biochemical society transactions, 30(2): 264-270.

WEIR C E, WANG H, BIRKNER M L, et al., 2010. Studies on enzymatic tenderization of meat. II. Panel and histological analyses of meat treated with liquid tenderizers containing papain[J]. Journal of food science, 23(5): 411-422.

WEN C, JIANG X Y, DING L R, et al., 2017. Effects of dietary methionine on growth performance, meat quality and oxidative status of breast muscle in fast- and slow-growing broilers[J]. Poultry science, 96(6): 1707-1714.

WHIPPLE G, KOOHMARAIE M, DIKEMAN M E, et al., 1990. Predicting beeflongissimus tenderness from various biochemical and histological muscle traits[J]. Journal of animal science, 68(12): 4193-4199.

YANG P, HAO Y, FENG J, et al., 2014. The expression of carnosine and its effect on the antioxidant capacity of longissimus dorsi muscle in finishing pigs exposed to constant heat stress[J]. Asian-Australasian journal of animal sciences, 27(12): 1763.

YANG Q, VIJAYAKUMAR A, Kahn B B, 2018. Metabolites as regulators of insulin sensitivity and metabolism[J]. Nature reviews molecular cell biology, 19(10): 654-672.

YANG Y, YANG J, YU Q, et al., 2022. Regulation of yak longissimus lumborum energy metabolism and tenderness by the AMPK/SIRT1 signaling pathways during postmortem storage[J]. PLOS ONE, 17(11): e0277410.

附 录

本著作来源于已发表的论文研究成果

[1] 赵婧微, 孙瑜彤, 李武峰, 2020. 广灵驴 *CAPN1* 基因克隆、生物信息学分析及表达研究 [J]. 中国畜牧兽医, 47(3): 655-665.

[2] 李武峰, 赵婧微, 孙瑜彤, 杜敏, 2020. 广灵驴 *CAST* 基因克隆、生物信息学分析及表达研究 [J]. 福建农林大学学报 (自然科学版), 49(5): 652-659.

[3] 李武峰, 孙瑜彤, 关家伟, 赵婧微, 杜敏, 2021. 驴肌内脂肪沉积关键调控因子研究 [J]. 畜牧兽医学报, 52(2): 364-375.

[4] 李武峰, 孙瑜彤, 赵婧微, 关家伟, 杜敏, 2020. 广灵驴 *HSL* 基因克隆、序列分析与差异表达 [J]. 中国畜牧兽医, 47(8): 2348-2358.

[5] 李武峰, 孙瑜彤, 赵婧微, 李树军, 2020. 广灵驴 *ADD1* 基因的克隆和序列分析与组织表达 [J]. 湖南农业大学学报 (自然科学版), 46(6): 733-741.

[6] 李武峰, 孙瑜彤, 关家伟, 孙玺, 杜敏, 2021. 广灵驴 *PPARγ* 基因克隆与组织表达分析 [J]. 福建农林大学学报 (自然科学版), 50(1): 95-102.

[7] 李武峰, 关家伟, 孙瑜彤, 邱丽霞, 杜敏, 2021. 广灵驴 *DGAT2* 基因克隆、生物信息学分析及组织表达研究 [J]. 中国畜牧兽医, 48(2): 407-416.

[8] 关家伟, 孙瑜彤, 邱丽霞, 李武峰, 杜敏, 2021. 广灵驴 *SCD* 基因克隆、生物信息学及组织差异表达分析 [J]. 山西农业大学学报 (自然科学版), 41(2): 65-73.

[9] 关家伟, 孙瑜彤, 邱丽霞, 李武峰, 杜敏, 2021. 广灵驴 *ADSL* 基因克隆、序列分析及组织表达研究 [J]. 中国畜牧兽医, 48(8): 2685-2694.

[10] 李武峰, 关家伟, 邱丽霞, 孙瑜彤, 杜敏, 2022. 基于转录组学和代谢组学研究调控驴背最长肌嫩度的分子机制 [J]. 畜牧兽医学报, 53(3): 743-754.

[11] 邱丽霞, 关家伟, 李丽, 李武峰, 杜敏, 2022. 广灵驴 *FTO* 基因克隆、序列分析

及组织差异表达 [J]. 中国畜牧兽医, 49(1): 12-22.

[12] 李武峰, 邱丽霞, 关家伟, 李丽, 杜敏, 2022. 基于 WGCNA 技术研究驴肉嫩度基因及代谢物调控网络 [J]. 畜牧兽医学报, 53(11): 3827-3841.

[13] 李武峰, 邱丽霞, 关家伟, 李丽, 杜敏, 2022. 基于 HS-SPME-GC-MS 和 OPLS-DA 模型探究不同嫩度驴肉的关键挥发性物质成分差异 [J]. 畜牧兽医学报, 53(12): 4258-4270.

[14] Li W F, Qiu L X, Guan J W, Sun Y T, Zhao J W, Du M, 2022. Comparative transcriptome analysis of longissimus dorsi tissues with different intramuscular fat contents from Guangling donkeys[J]. BMC Genomics, 23(1): 644.

[15] 赵婧微, 2020. 高、低肌内脂肪含量驴背最长肌的代谢组和转录组关联分析 [D]. 太原: 山西农业大学.

[16] 孙瑜彤, 2021. 基于转录组和代谢组学研究调控驴背最长肌嫩度的分子机制 [D]. 太原: 山西农业大学.

[17] 关家伟, 2022. 基于多组学探究驴肉嫩度及风味差异的分子机制 [D]. 太原: 山西农业大学.

[18] 邱丽霞, 2023. 多组学关联分析品种差异对驴肉肉质性状及风味的影响 [D]. 太原: 山西农业大学.